U0941602

一个野地录音师的探索之旅

THE BECKONING SILENCE

A NATURAL SOUND RECORDER'S JOURNEY

上海交通大學出版社
SHANGHAI JIAO TONG UNIVERSITY PRESS

内容提要

本书为台湾地区第一本探讨声景的自然笔记，是一本极具趣味并充满梦想的博物学图书。作者多年来走遍台湾地区，在各地录下自然天籁，并一一造访世界各地从不同领域探索自然声景的科学家、艺术家、田野工作者，为声景的变化与消失留下第一手见证。本书结合自然文学和科学报导，通过“一颗石头的革命”，展开了一场“抢救声景之旅”。与此同时，极富野地录音经验的作者还在“旅程”中为读者编织了一张“动听”的声音地图。让我们跟随作者的脚步，身临其境地踏上这趟聆听“声景”的旅程！

图书在版编目（CIP）数据

大自然声景 / 范钦慧著. —上海：上海交通大学出版社，2016
（博物学文化丛书）
ISBN 978-7-313-14551-2

Ⅰ. ①大… Ⅱ. ①范… Ⅲ. ①声学 Ⅳ. ①O42

中国版本图书馆CIP数据核字（2016）第031854号
上海市版权局著作权合同登记号：图字09-2015-731 号

大自然声景

著　　者：范钦慧
出版发行：上海交通大学出版社　　地　　址：上海市番禺路 951 号
邮政编码：200030　　电　　话：021-64071208
出 版 人：韩建民
印　　制：山东鸿君杰文化发展有限公司　　经　　销：全国新华书店
开　　本：787mm × 960mm　1/16　　印　　张：18
字　　数：219 千字
版　　次：2016 年 5 月第 1 版　　印　　次：2016 年 5 月第 1 次印刷
书　　号：ISBN 978-7-313-14551-2 / O　　ISBN 978-7-88941-030-4
定　　价：58.00 元

博物学文化丛书总序

丛书主编 刘华杰

博物学（natural history）是人类与大自然打交道的一种古老的适应环境的学问，也是自然科学的四大传统学科之一。它发展缓慢，却稳步积累着人类的智慧。历史上，博物学也曾大红大紫过，但最近被迅速遗忘，许多人甚至没听说过这个词。

不过，只要看问题的时空尺度大一些，视野宽广一些，就一定能够重新发现博物学的魅力和力量。说到底，“静为躁君”，慢变量支配快变量。

在西方古代，亚里士多德及其大弟子特奥弗拉斯特是地道的博物学家，到了近现代，约翰·雷、吉尔伯特·怀特、林奈、布丰、达尔文、华莱士、赫胥黎、梭罗、缪尔、法布尔、谭卫道、迈尔、卡逊、劳伦兹、古尔德、威尔逊等是优秀的博物学家，他们都有重要的博物学作品存世。这些人物，人们似曾相识，因为若干学科涉及他们，比如某一门具体的自然科学，还有科学史、宗教学、哲学、环境史等。这些人曾被称作这个家那个家，但是，没有哪一头衔比博物学家（naturalist）更适合于描述其身份。中国也有自己不错的博物学家，如张华、郦道元、沈括、徐霞客、朱橚、李渔、吴其濬、竺可桢、陈兼善等，甚至可以说中国古代的学问尤以博物见长，只是以前我们不注意、不那么看罢了。

长期以来，各地的学者和民众在博物实践中形成了丰富、精致的博物学文化，为人们的日常生活和天人系统的可持续生存奠定了牢固的基础。相比于其他强势文化，博物学文化如今显得低调、无用，但自有其特色。博物学文化本身也非常复杂、多样，并非都好得很。但是，其中的一部分对于反省“现代性逻辑”、批判工业化文明、建设生态文明，可能发挥独特的作用。人类个体传习、修炼博物学，能够开阔眼界，也确实有利于身心健康。

中国温饱问题基本解决，正在迈向小康社会。我们主张在全社会恢复多种形式的博物学教育，也得到一些人的赞同。但对于推动博物学文化发展，正规教育和主流学术研究一时半会儿帮不上忙。当务之急是多出版一些可供国人参考的博物学著作。总体上看，国外大量博物学名著没有中译本，比如特奥弗拉斯特、老普林尼、格斯纳、林奈、布丰、拉马克等人的作品。我们自己的博物学遗产也有待细致整理和研究。或许，许多人、许多出版社多年共同努力才有可能改变局面。

上海交通大学出版社的这套“博物学文化丛书”自然有自己的设想、目标。限于条件，不可能在积累不足的情况下贸然全方位地着手出版博物学名著，而是根据研究现状，考虑可读性，先易后难，摸索着前进，计划在几年内推出约二十种作品。既有二阶的，也有一阶的，比较强调二阶的。希望此丛书成为博物学研究的展示平台，也成为传播博物学的一个有特色的窗口。我们想创造点条件，让年轻朋友更容易接触到古老又常新的博物学，"诱惑"其中的一部分人积极参与进来。

2015 年 7 月 2 日于北京大学

推荐序一

聆听寂静之声

戈登·汉普顿　声音生态学家

寂静是有声音的。在美国西北部一个崎岖多山角落，我家附近奥林匹克国家公园内的霍河雨林里，寂静回响着。在这里，世界上最高的生物——美国西川云衫、花旗松、美西侧柏——超过一百米，如拔地而起的高塔，提供罗斯福麋和北方斑点鸮遮蔽之处，是美国大陆最不受噪音污染的地方。在这里住得越久，我就越懂得静默，越容易听到寂静的真实声音。

在霍河雨林一天无语的徒步行山，我仅仅只是注视着，其实是“倾听”着自然和鸣中各种最细微的声音，总是能让我充饱能量满载而归，更能应付现代生活的种种挑战——嘈杂的交通、智能型手机、忙碌的工作与家庭生活。我的心仿佛一亩刚刚犁过的田地，准备好让种子发芽。寂静，并非如某些人认为的是一种奢侈，而是一种基本需求，一如维持健康需要的营养食物与干净饮水。

回想 2003 年秋天，我遭逢生命中的最低潮，当时我的听力莫名严重受损。我听不到孩子的声音，鸟儿也不再歌唱。更惨的是，我的脑中充满着自己发出的无止尽噪音。整个世界听起来像是从一条长长的金属管线传来的收音机声音。医嘱只有一个字：等。我在经济与情绪崩溃的边缘盘旋着。

终于在经过十八个月后，我的听力开始恢复。在这段漫长的旅程中，我决定站出来，声援保留地球上少数仅有的几个自然寂静声景。我在 2005 年地球日那天徒步走到霍河雨林的谷地，在一棵布满青苔的林木上，放下一颗石头。默默地宣誓我将捍卫这一平方英寸之地远离所有噪音污染，而这将同时使三千一百平方公里的地区保留原始自然之声。

经过十年，我尽可能地经常拜访我的一平方英寸之地。如果我听到任何噪音污染，例如喷射飞机飞过，我会从网络查出是哪家公司，写信给对方说明寂静的珍贵性，以及他们公司所造成的噪音干扰，要求他们避开奥林匹克国家公园。有二家航空公司——阿拉斯加航空、美国航空和夏威夷航空——同意这么做。

有趟到霍河雨林的徒步之行，特别值得一说，当时我手里有颗轻巧的石头。有位自称“从世界的另一端”来的女性，写了一封电子邮件给我。她叫 Laila Fan（即本书作者范钦慧），是一位电视主持人，跟我一样喜欢录制各种自然的声音。我们先是针对倾听交换了一些想法，接着我邀请她寄颗石头让我放在“一平方英寸的寂静”之地上。当我打开她寄来的包裹，这颗石头看来很眼熟。本地的当地少数民族叫这种有白色圆圈纹路的石头为“许愿石”。2012 年 12 月 12 日，这颗许愿石开始了它为期两个月在一平方英寸的旅程。我记得当我放下石头时心想："真的，没有不可能的事。"来年2月19日，当我带回这颗石头时，我写信给Laila："寂静将会回家。"

然后，这颗许愿石经历了到意大利与日本的奇妙旅程，教导孩子们聆听的重要性，并唤醒人们重视寂静蕴含的讯息：万事万物皆有可能。从《大自然声景》一书中，我们也许第一次听见了寂静的回响。

（陈采瑛 译）

推荐序二

用声音唤醒我们的灵魂

李志铭 作家

I listen without looking and so see.

人唯有通过聆听以及摒弃视觉，才能真正“看见”。

——电影《里斯本的故事》援引葡萄牙诗人

费尔南多·佩索亚（Fernando Pessoa）

随笔集 *The Book of Disquiet*

关于声音，过去我们谈论的实在太少（尽管我们每天二十四小时总是被迫曝露在太多嘈杂的环境噪音当中）。探查听觉感官对我们日常生活的影响，可能远比一般人想象的还要巨大。

声音，作为大自然世界许多物种间传递讯息的载体，举凡人类以不同高低音调和响度来表达语言中的各种情绪，蝙蝠、鲸鱼与海豚等哺乳动物会发出高频的声呐波相互沟通，并通过音波的反射状况来探知四周地形环境，看似哑然无声的海洋下，其实到处充满了陆地上听不见的“噪音”。倾听城市里的声景（soundscape）复杂而多样，街头上仿佛永远急切鼎沸的车水马龙、坊间巷弄穿梭蔓延的萧萧瑟瑟，无形中透露了其所属地方社会的族群性格与生活文化。

而我平日最喜欢聆听收集的，则是各地传统市集摊贩的叫卖声，每当我走访一处城镇村落，总是不忘顺道逛逛当地的传统市场、随身携带一部 SONY PCM-D 50 小型录音机即席采录，从那些混杂着南腔北调、不绝于耳的吆喝声中，仿佛唤起了台湾地区古早社会特有旺盛的生命力与时代记忆，宛如庶民的天籁。

犹记得前年（2013）我因拙作《单声道——城市的声音与记忆》在大爱电视台“爱悦读”节目受访录像而初次认识了钦慧，后来我又带着几张台湾地区早期出版有关“声景”题材的绝版录音上了她在教育广播电台主持的“自然笔记”，其中包括 1997 年由水晶唱片最早录制花莲吉安乡海浪声的田野专辑《浪来了：倾听 · 台湾的话》，1955 年台湾省野鸟协会制作的《山之籁：野鸟原音》，另外还有 2004 年阿里山风景区管理处首创以“声音地图”（Sound Map）概念推展观光旅游、采录当地自然景观与人文声音集锦的《瑞里声音地图之旅》，以及近来海峡两岸分别最早纪录保存传统都市摊贩叫卖文化的《老北京吆喝》（2003）与《叫出好生意：台湾古早味走卖》（2009）等。

在电台录音间里，我和钦慧不时聊到台湾地区过去发行的某些声景录音总是令我感觉太不真实，比方叫卖声的收录皆非来自实际的田野现场，而是直接找人进录音室、用声音特地“演”给观众听的，要不就是经常为了多做诠释而径自添加大量的口白解说。显然此处仍局限于只把声音录制（加工）成所谓的“罐头音效”，有些声音的取用来源竟然还是从他处“移花接木”的（比如在台北“二二八和平公园”陈列的老火车头“腾云号”每小时定点播放的汽笛声），完全漠视真实的声音本身自有其生命力，而从事声景采集最重要的关键，即在于忠实纪录原有的声音现场。为了能使“在场”对象发出声音，相对也就必须让它重新“复活”，这才是推动声景保存最根本的意义。

思念不久前，钦慧还在某次闲聊当中提起她曾经想回学校（报考）就读人类学博士班的梦。在我看来，钦慧不仅善于聆听，亦有着开放的识见和胸襟。从十多年前迄今为止，为了踏察她所热爱的自然声景，追寻理想中寤寐以求的“寂静山径”，她不惜上山下海，走遍岛内山川野地，如是邂逅了兰屿的角鸮、富里森林的朱鹂和猕猴、知本夜晚的山羌与飞鼠、太平山翠峰湖畔的虫鸣鸟语，乃至东台湾地区海岸线黑潮洋流底下的鲸豚之声，上穷碧落天涯海角，甚至不断学习精进自己的田野录音技术与器材，只期盼能更准确细腻地捕捉它们的声音足迹，随之竟尔远赴意大利西西里岛来到当地一座中世纪古城埃利契（Erice）参访国际知名科学家共襄盛举的“海底生物声学研讨会”，在那里听见了德国海洋声学学者拉尔斯·金德尔曼（Lars Kindermann）设置于南极冰原的水下麦克风所录到的声音，仿佛穿透在冰层下的传诵回响屡屡令她惊叹不已。

钦慧始终相信，懂得聆听这样的声音，自己灵魂的某个部分也会被唤醒。她认为声音世界之所以迷人，并不止于听得见，还要能听得深。

近年来，钦慧更直接受到美国艾美奖（Emmy Award）录音师、声音生态学家戈登·汉普顿（Gordon Hempton）的精神感召，通过一枚捡拾自花莲秀姑峦溪河床上的美丽卵石寄给戈登，放置在美国奥林匹克国家公园霍河雨林的“一平方英寸的寂静”（One Square Inch of Silence）所在地之后再寄回，辗转绕过地球一周的鱼雁往返，成为钦慧日后开展“寂静”旅程的许愿石。

对我而言，经常出入山林之间、总是带着录音机四处浪迹田野的钦慧，早已是不折不扣的“声景人类学家”了！但她自身所展现的热情与格局却远远不止于此，除了尽情挥洒个人的志趣与专业之外，钦慧也开始思考另一种新的可能，通过组织一群热心关注声音议题的同好，共同提出更多的倡议，引导生活在这片土地上的人，能从声音的角度来关心环境、改变我们自己，并且构筑一套新的思维与哲学。

于是乎，就在钦慧的积极奔走促成下，今年（2015）三月“中国台湾声景协会”乃宣告正式成立。无独有偶，抚读这本几乎同步问世的《大自然声景》，当可视为钦慧长年探寻、追索各地声音秘境沿途走来的心路历程，毋宁更为中国台湾未来跨领域的本土声景研究敲开了一扇窗。

自序

一场不可思议的旅程

十七年，代表了什么意义？除了可以念完四次大学之外，就我所知，还有一种蝉，它会在地底下蛰伏十七年后才出土羽化，完成生命的使命。我的蜕变也在十七年之后，那是我走进大自然录音的资历。重点是，我从来没想过，自己在野地聆听了十七年的声音后，会因为一颗石头，走上一段不可思议的神秘旅程。

石头，大自然中最具“寂静”象征的代表。石头本无语，却可以跟小溪、海浪，激荡出不同的旋律。我侧耳倾听，想了解这到底是什么样的召唤？这是一颗来自中国台湾东部，发源于中央山脉的石头，就这样无声无息地走入我的生命，却带着我去聆听，不仅是外在环境，还有我自己内在的声音。最初，它被我寄去美国，跟另一位自然野地录音师见了面，展开它的神奇旅程，两个月之后，这颗中国台湾的许愿石又寄回到我的手上，并陪着我去了日本、去了意大利，最后我决定带它去宜兰的太平山上，并为“寂静”而发声。一路走来，我相遇无数，总觉得自己何德何能经历这一切，仿佛过去生命所有阶段的累积，都因为这趟旅程而有了全新的意义。

我从小喜欢音乐，喜欢声音，后来成了广播电台的主持人，并不是因为我喜欢说话，反而是喜欢聆听。我热爱去野外采集声音，并且热切地想把这些材料跟听众分享，于是开辟了一个台湾地区少数以田野录音为特色的广播节目。这些声音的灌注与洗礼，给了我非常多的灵感与创意，似乎在心灵深处有种能量逐渐被启动，我写作、拍片，带着孩子家人去实践我的生活美学……但是我知道骨子里，我仍然是那个喜欢聆听的录音师，在歌韵缤纷的山径上，随着万物声息摆荡起舞。

记得大概十年前，我曾经做了一个关于人类学的梦，当时我以“自然声音”与“情绪分析”，甚至“人观”，作为我的研究主题。我想了解在野地聆听这些声响是否是一种“仪式行为”？人类会因此产生什么样的经验与反应？什么样的人格特质与条件，会让人愿意向这样的声音靠近？……这些都写在我的“研究计划书”中，但是后来我并没有走上学术研究之路，这些问题也被搁置在我心中，沉寂多年从未被解答。

这么多年以声音的角度来关心环境，关心土地，我听到了太多让人鼓舞的动人故事，但也听到了太多的无奈与愤怒，似乎各种与环境相关的问题，不论是污染、栖地破坏、生态浩劫、黑心食品……一切乱源都脱离不了“人心”。“心”病了，大地终究要面临一连串因为人心无法克制的贪婪、欲望、宰制……所带来的恶果。除了在广播中大声疾呼之外，我也一直思考自己究竟能做些什么。

近年，各种关于“疗愈”的信息纷纷出现，我察觉到，原来环境教育真正的精神，正是一套关于疗愈的学问。投身环教工作多年，我深切体会到，那些大自然的声音曾经“疗愈”了我，让我有更强烈的正向意念去改变，去行动。这趟旅程，正是一趟受到“疗愈”所启动的实践，也是一种缘分俱足下的转换，最初也许是因为噪音，也许是因为悦音，或是心中各种声音激荡的回响，总之，我可以静下心去整理自己生命的各种轨迹，解读其中的讯息。然后告诉自己，勇敢去做梦吧，相信这些声音，相信自己，努力用这些声音去疗愈人，疗愈土地。

问题是，这些“疗愈之声”跟“寂静”又有什么关系？其实，我想要追求的“寂静”，并非无声，而是生命的本然，在美国录音师戈登·汉普顿的定义中，“寂静”就像是濒临绝种的动物一样，需要更多的保护，这样的“寂静”跟环境变迁有关，特别针对自然中的荒野声响。另一种“寂静”的层次，与哲学有关。人要追求真正的“寂静”，并非一定要到遥远的森林深处才能获得。我的寻声行脚，正是被这种充满禅意的境界所触动，而开始去寻找各种不同聆听的角度，同时也走向国际，去跟这个不再“寂静”的世界对话，不论是陆地上，甚至海平面下，人类制造的声响充斥了整个空间，每个人似乎都成为噪音的受害者。从一种长期被宰制的状态中，许多声音的先知者已经逐渐觉醒，他们开始为声音寻找定位，包括如何促进更友善人类与生态的声音环境，如何用声音创造更多人文与艺术的观点，如何通过声音去参与改变世界，种种的论述，被放在一个称为“声景”（soundscape）的范畴中，在世界各地声波传扬。

身为声音的记录者，我也希望通过这些年的经历与体会，建构出一套所谓的“观音学”，也就是攸关如何去“观察”声音、“观赏”声音以及“关心”声音的学问。当然，正如这名称所具有的象征意涵，它是带着一种对生命的慈悲与宗教情怀的信念。

这本书只是一个起点，就像是许多电影所标示的“首部曲”。它交代了故事的缘起，以及最初的行动。这几年台湾地区流行“地景”写作，这种借由移动到特定空间所展开的旅行文学，纵使可以穿越时空来抒发所思所闻，仍然以“看见”为目标。但是除了视觉之外，我也在尝试一种关于“声景”书写的可能，邀请读者更深度的聆听，并发展自己的感官之旅以及听音美学。

几个月来，我持续在太平山上徘徊行走，经常思考的是：“山引我进来，而我又要为山带来什么呢？”正如有“美国生态保护之父”美誉的利奥波德（Aldo Leopold）在《沙乡年鉴》中所说：“休闲娱乐的发展不是要建造通往美丽乡野的道路，而是要为依然可厌的人类心智培养感受力。”或许，我真正的目的，是希望这些来自山林的歌声，能打动那些泅泳在城市牢笼中的人们，有机会修复自己的感官，懂得通过欣赏这样的旋律，让自己“心中一片静好”，并愿意支持保护自然声景的相关政策，让世世代代都能聆听到那最初的美丽。

这本书我要感谢陪我做梦的许多好朋友。最重要的，当然就是戈登·汉普顿这位我从未见过面，却有着深度交流的录音师，他的书启发了我，我相信未来我们也会因为这本书的出版，而留下更多属于彼此的传奇。还有环境信息协会的编辑詹嘉纹小姐，她帮我开辟了一个“抢救寂静”的专栏，让这样的努力有了更明确的目标与动力，并让我以声会友，认识许多喜欢聆听声音的朋友。另外，要特别感谢严宏洋教授，他是我的贵人，因为他的铺路牵线，让我的聆听耳界变得更为国际化；也非常感谢李志铭先生，帮助我更深度的聆听，引领我走向“声景”的领域。同时，也要感谢我的“寂静山径”伙伴：长庚大学的余仁方老师和声音艺术家澎叶生老师（Yannick Dauby）、赖伯书先生、林试所的葛兆年博士，以及林务部门罗东林管处的林澔贞处长、陈冠玮先生……从草创阶段就一直陪伴着我，为台湾地区声景筑梦；以及本书每一位接受我专访的学者、老师……因为你们的精彩分享，让这本书不仅更有看头，也更具可听性。当然，还有远流的老伙伴，静宜、诗薇、昌瑜……谢谢你们让这本书更有影响力，你们是台湾地区最有质感的文化推手与团队，这本书交在你们手上，我深感荣幸；也很开心入围格莱美设计奖的郑司维、黄慧甄能负责整部作品的视觉与装帧设计，让它显得更“有声有色”。最后，要特别感谢我亲爱的家人，总是给我最多的包容与支持，让我能专注创作，并始终陪伴；而“国家文化艺术基金会”惠予本书文学创作的补助，让我久旱的原野能获得一些雨露滋润，这样的鼓舞，对独走天涯的笔耕者尤为重要。

经常有人问我，“写完了这本书，未来你要让这颗许愿石回到花莲吗？”有时我会反问回去：“你希望它回去吗？”当然，我也会获得很多不同的声音。重点是，这颗石头所指引的不只是一种形式上的路线，更是引领我走向一段等待开悟的探索秘径。我真心感谢这么一段“抢救寂静”的旅程，未来不论这颗石头要不要回家，我知道我都可以因为它，而找到一条回归生命本质的道路。

在线声音注释

为了让读者快速进入书中每个故事独特的声音风景，特别设计了 23 段在线声音注释，收录由作者录音、旁白的声景片段或相关的声音延伸信息。

每当阅读时发现 这个符号，就可扫描下方二维码，并按 后标示的号码，点选对应的曲目聆听。

（每段声音注释的相关说明及页码提示，请见下两页）

声音注释

1 生活在充满“声音”的世界中，我们却经常封闭自己的感官，失去了跟世界、跟自己连结的线索。→ p. 30

2 戈登·汉普顿所收录到的“寂静”，跟我在中国台湾聆听到的“寂静”，有什么不同呢？→ p. 40

3 我在校园中录到砂石车与白头翁的声音，这短短的片段，也显示校园正承受巨大的噪音干扰。→ p.49

4 你能分得出小弯嘴公鸟与母鸟的声音吗？这段“双重奏”将会告诉你更多的秘密。→ p. 58

5 火车声音其实是许多人共同的回忆，但是同一个地点，隔了四十三年的录音，究竟你会听到什么样的转变？→ p. 63

6 来听一下我在野地录到的“台湾小莺”的有趣歌声。→ p. 73

7 已经在西西里这座海岛回荡了数百年的，古城中的钟声，深深吸引着来自中国台湾小岛的我。→ p. 84

8 “鹪鹩”是我这趟旅程中，最常听见的旋律，到底在美国、意大利、中国台湾三地，这种鸟儿的“语言”有什么样的差异？→ p. 91

9 来到日本，我第一个注意到的是地铁站中的“鸟鸣声”，这样的声景究竟透露了什么讯息？→ p. 112

10 台湾地区的骚蟴是昆虫中的“大声公”，其他鸣虫很难跟它抗衡。→ p. 130

11 听听螽蟴与蟋蟀的声音，相信可以带给你许多回忆。→ p. 151

12 金蛉子的声音，似乎是从草地传来的电话铃声，让你不得不立刻去接收它的讯息。→ p. 160

13 绿绣眼是穿梭在城市与乡野的“绿色吹笛手”。→ p. 165

14 来听听由林子皓博士所提供的中华白海豚以及石首鱼的声音。→ p. 190

15 台湾地区的确是赏音的天堂，光是内洞的夜晚，就可以听见各种青蛙的大合唱。→ p. 202

16 来听 1998 年在兰屿录到的兰屿角鸮的声音。→ p. 207

17 1997 年我就来到关渡录音，2013 年我重回旧地，可以听到哪些转变呢？→ p. 213

18 我在溪畔经常录到很多有趣的声音，临留溪畔，是否也能带来创作上的灵感？→ p. 220

19 想听听看六月太平山上的“自然声景”吗？→ p. 233

20 不论是水、是风，或是自然中的虫鸣鸟叫，都可以带来疗愈的力量。→ p. 246

21 选举时在街头巷尾可以听到台湾地区非常独特的“冻蒜”声景。→ p. 257

22 谈到“蓝鹊茶”，你可听过蓝鹊的声音？跟你分享一段水畔雨中的台湾地区蓝鹊声景。→ p. 267

23 声音是非常重要的线索，可以让我们听见“过去”，也可以听见“未来”。→ p. 270

目录

壹·倾听之路

27 消失中的声景
35 一平方英寸的旅程
43 砂石车声中的天籁
51 守护那被遗忘的存在
61 变迁中的城市声景
67 黑胶中的田野声景

贰·越境寻声

77 ——月夜、古城、钟声
87 海岛迷歌
101 南极物语
110 大和音之景
123 倾听大地耳语
133 风中絮语

叁·动物之歌

追寻如歌的行板 144
声色『虫』生 153
解码啁啾鸟语 163
深海探声 175
鲸豚纵歌 187

肆·缤纷耳界

倾听的艺术力 199
声音的裁缝师 205
音乐梦工厂 215
有歌自山来 223
冉起一朵清静 234
自然声景的疗愈密码 243

伍·寂静山径

『蜕变』声起 254
寂静的共鸣 261
无量之网 268

【结　语】重回十八岁的湖畔 281

壹·倾听之路

壹·倾听之路

消失中的声景

我从来没有想过，因为要收录大自然的声音，我得走遍中国台湾各地，通过声音来诉说各种不同的生命故事……

从来没有想过，通过“倾听”，会带我走上一条不一样的路。然而，就是因为热爱倾听声音，让我成为一位自然野地的录音师。

大约七岁时，我就学会录音。刚开始我是看到妈妈用录音机在学唱歌，当我观察到怎么操控时，这个玩意儿就成了我最钟爱的玩具。我曾经偷偷录过爸爸的打呼声，也曾经偷偷录过爸妈吵架的声音，我甚至跑去后阳台录邻居说话的声音。那时候，还没有安亲班，父母又都是上班族，有时放学后自己一个人待在家，也会偷偷录自己唱歌、说故事，甚至学卖药口条，自编自演一番。这些创作的雏形，原本只是个人收藏，有一次却被爸妈发现，拿去跟朋友分享；我一气之下，把好几卷录音带给洗了，其中一卷带子被妈妈抢救保存了下来，直到我三十岁之后，才物归原主。

往后的日子，大概都在混沌的升学主义中度过。大三那年，没想到我重新接触到“录音”功课，当时政大还没有广电系，只有新闻系的广电组，我记得大约是在 1986 年，系上有一门没有学分的实习课，学生得在午休时间制作一个小时的广播节目，我突发奇想，决定制作一个关于当地少数民族的节目，于是兴致勃勃地跟哥哥借了小型的 Sony walkman 录音机，加上妈妈唱卡拉 OK 的麦克风，利用一个学期的时间，进行田野的录音采访。还记得那时每个星期我都会搭着小巴士，从木栅到南港，去“中研院”民族所挖掘资料，政大的社资中心也是我常拜访的基地。这个广播节目作品，让我得了当年大专院校广电比赛的特优奖，还登上各报纸的影剧版。这些肯定来得意外，因为它原本是一项没有学分的作业，而我一股傻劲所做的一切，只是因为“我喜欢”。

一如儿时的记忆，这些个人收藏，原本只是生命的片段，没想到三十岁之后，林林总总的生命经历，却引领我向更深度的自我探索，并通过倾听进入自然的领域。

自然笔记，人生最美丽的礼物

结束在美国的留学返回后，我才开始真正赏鸟，也因为经常去野外欣赏这些动人的飞羽，让我听到了不一样的旋律。当时的我，历经了不同的媒体训练，心中却存在着一种声音：“我希望能成为走入森林，光是通过鸟叫声，就能够辨认出它的名字的人。”不仅是声音，我也期待能知道我生长的土地，究竟在什么季节，会开什么样的花，会有什么事情发生。这些念头一直在我心中盘旋，于是，我决定成为独立工作者，辞去上班族的稳定薪水，买了一台录音机以及专业麦克风，准备一步步

1
—
2

1 留住最有生命力的瞬间，不论是画面或是声音。

2 寻找一条倾听土地的道路。

向我希望聆听的声音靠近。1997年，我向教育广播电台递出“自然笔记”的节目企划案，并获得通过，这个节目迄今已持续制作了十七年，从没中断过。

制作“自然笔记”的过程，是我人生最美丽的礼物。我从来没有想过，因为要收录大自然的声音，我得走遍中国台湾各地，通过声音来诉说各种不同的生命故事。为了让自己对自然生态有更深度的见识，我去拜访了当时林业试验所的杨政川所长，希望能制作一个以森林教育为主的有声书，这个案子让我有机会去认识一群生态学家，除了增强自己的生态知识外，也有机会到丰富多样的森林环境中录音。往后几年，我从森林扩展到海洋，走访各种不一样的生态区位，在广播中分享我在野地收录的各种天籁，并且为它们撰文倡议环保的理念。

迅速变迁的声音地图

通过聆听，我脑海中有一张属于中国台湾的声音地图。我知道在什么样的季节，或在什么样的海拔高度会聆听到哪些动物的声音。但是近年来，我对声音开始有不一样的体会与感受。一方面，有些我原本热爱录音的地点不见了，随着人为的开发与破坏，许多秘径纷纷消失，还有些地方是声景上的转变，比如我经常工作的地点——植物园。对一个录音师来说，除了一般人所能感受到的视觉变化外，声音恐怕透露更多的“实情”，我知道有些事情持续改变着；原本在自然声景中聆听，我只是一个单纯喜悦的发现者，但是当真正认识了它们，便逐渐了解那些声音背后的歌手，目前正遇到什么样的困境，我开始感到担心、愤怒，甚至想为保护它们做一些事。🎧[1]

这样的思索，在 2011 年时有了更深刻的体会。当时我承接了林务部门的委托案，要以一年的时间，按月份到中国台湾各森林游乐区中录音。于是，我一月在太平山，二月在东眼山，三月在阿里山、四月在观雾……整整一年时间，我进行了台湾地区山林声景的记录与调查，过程中录到各种鸟类、蛙类、鸣虫，还有山羌、飞鼠、松鼠等缤纷多元的声音。为了让听众能感受环境之美，我把那些最精彩的天籁剪接下来，甚至配上动人的音乐或旁白，来增添当中的梦幻气息，但我心里很清楚，在我的数据库中，那些原本“被放弃”的档案中，满满记载着令我困扰的噪音，包括了我在录栗背林鸲、金翼白眉背后的战斗机的声音，东眼山清晨头乌线、绣眼画眉背后的重型机车声，还有知本森林大赤鼯鼠背后的卡拉 OK 声，更别说那些人声喧哗……我把它们集结成一条曲目，放在我制作的 CD 最后一首，希望自然能有申诉的机会。

守护自然天籁，不成绝响

长久以来，我们都是通过走入自然，来让自己的身心更平衡健康，甚至像我这样的录音师，过去也是希望能收录美美的自然天籁，让更多的人在聆听中达到疗愈的效果。但是有没有可能我也通过录音，来帮助自然重新修复，甚至让它得以控诉呢?

记得两年多前，有一天我在野地录音时，哥哥打电话问我正在做什么。他当时已经走入肺腺癌的晚期，我跟他说我现在身边有大弯嘴，前一晚则录到台北树蛙的声音，回家放给他听。哥哥跟我说，他感觉到内心的恐惧，我要他不要害怕，我把手机朝向眼前的声景，告诉他：“你听见了吗？有一天，我们都会继续聆听这些声音，它们在这里已经很久了，我们以前就曾经听过，未来也会继续听见。”

后来，每次到森林录音，我都想象着哥哥也坐在其中，聆听这样的天籁。我也期待自己是一个见证者，让自然有发言的权利，同时希望能为保护这样寂静美好的声景而努力，不让这样的声音成了绝响。

这一次，我不仅以热情为起点，更带着一份使命出发，我知道，当我怀着这份信念时，生命会把我带向那些我将遇见的人物与风景。

壹·倾听之路

一平方英寸的旅程

我跟戈登通过一颗许愿石结了缘，这段一平方英寸的旅行，究竟将完成什么样的愿望呢？

一颗 2.54 厘米乘以 2.54 厘米大小的石头，究竟可以告诉我们多少故事？之前因为读到《一平方英寸的寂静》（*One Square Inch of Silence*）这本书，认识了作者戈登·汉普顿，他是一位自然野地的录音师，经验丰富，获奖无数。在戈登近二十年的录音经验中，最棒的录音地点是在美国奥林匹克国家公园内的霍河雨林，于是他把过去一位印第安酋长送给他的一颗石头，放在这个最精彩的声音殿堂里，当做他所要保护自然声景的目标，我写信向他表达对他所作所为的欣赏，并且把自己在森林中录到的天籁 CD 寄送给戈登。

就跟戈登的经验一样，过去十多年来，我在大自然中录音，一方面被自然天籁所感动，一方面也感叹，我们身处在充满飞机声、汽车引擎声，以及各种人为声音的世界里。因此，当《一平方英寸的寂静》这本书出现时，我才发现，原来保护荒野的天籁，就跟保护荒野中的动植物一样重要。

而最让我赞佩的，其实是戈登对荒野中“寂静”的深入阐述。所谓的“寂静”，不是没有声音，反而是万物都存在的境界，重要的是，要保护那些荒野之声，让世世代代的人都听得到。

从中国东台湾出发的许愿石

戈登开心地回信说，希望我能寄给他一枚来自于中国台湾的石头，他要将这颗石头放在他的“一平方英寸的寂静”的地点，让它也能感受到那份寂静的力量。于是，我寄给戈登一颗我在东部河床上捡到的石头，告诉他这条河发源自中央山脉，那里是我多年来收录自然声景最棒的地点。

还记得那次去花莲工作，我在河床上被那一大片五彩缤纷的石头所感动，这场相遇让其中一颗卵石跟着我回了家。没想到，它居然是带着某种讯息而来。我把这个石头寄给了戈登，几个星期后，戈登写信跟我说，那是一颗许愿石，因为上面有着非常独特的线条。戈登说，按照他们当地的传说，如果我们对着这个石头许愿，然后把石头扔进水里，愿望就会依照线条展开自己的旅行，并且在最后实现。接着戈登做了一个让我非常惊讶的决定，他要把这个石头带到霍河雨林一阵子之后，再寄回来还我。

“寂静将会回家。”（Silence will come home.）戈登向我预告着。那颗来自花莲的寂静石头，将会绕过地球一周，回到我的手里。两个从未见面的野地录音师，就这样你来我往，通过一颗石头，进行了一场极为奇特的旅行。

置放在霍河雨林一平方英寸的
两颗许愿石。

1 中国台湾东部河床上的卵石。

2 《一平方英寸的寂静》与许愿石。

3 戈登 · 汉普顿。

4 美国奥林匹克国家公园内的霍河温带雨林。

1	3
	4
2	

当石头重回我手中时，我该如何面对它呢？这可不是一颗普通的石头，虽然它只是我在河床上巧遇的卵石，却能漂洋过海，经历这段传奇，我不知道这颗石头究竟会遇到什么样的故事？这颗寂静的许愿石，在我的脑海触动起阵阵涟漪，一点也不安静。

戈登特别选了一个奇妙的日子，2012 年 12 月 12 日，把这颗来自中国台湾的石头，在奥林匹克国家公园的博物馆馆长陪同下，护送到“一平方英寸的寂静”这个据点，他拍了一些照片给我看，整体看来有点像是太平山或是栖兰桧木林的感觉，他说那里有一棵高大的桦树，从它枝条的形态，就可以看出最初从种子发芽的样子；我突然明白，让戈登着迷的，正是生命最原本应有的样子，他追求那样的纯粹，并且努力从原始荒野的源头，仔细聆听生命的本质。

聆听寂静星球的所有珍贵

这段期间，我跟戈登通了十多封书信，分享彼此在大自然录音的经验，我也提到自己拍摄自然影像的心得与困惑，他感性地响应，当他碰到困难时，会把手放在一颗他在亚马孙河捡到的石头上三分钟，用心去聆听自己内心的声音，而不光是用理性思考来判断。他也介绍了正在建构的自然声景图书馆，称作“寂静星球”（Quiet Planet），人们可以购买与使用戈登多年来在世界各地录到的各种大自然声音，包括森林、海洋、雨林、溪流……所得经费也将回馈到孕育这些荒野声音的栖地环境保护计划。

有一天，我突然收到戈登寄来的一个包裹。打开一看，里面居然是个造型很像钥匙的随身碟，上面还有一排文字写着："你是被授权的使用者。"（You are a licensed user.）我立刻把它插进计算机中，发现里面都是大自然的声音，而且录音的规格很高，我得下载不同的播放软件，才能欣赏到戈登所录制的野地立体原音。🎧[2]

刹那间，我仿佛跟着戈登来到了大自然，我闭起眼睛，听到了熟悉的声音，不论它录自何方，我都已经身历其境。我多么希望戈登也能来到中国台湾录音，我渴望他能听到那些我曾经录过音的现场：兰屿雨林中的嘟嘟呜（兰屿角鸮）与昆虫、观雾森林中的竹鸟与猕猴、知本夜晚的山羌与飞鼠、合欢山上冷杉枝头的灰莺与鷦鹩……是的，它们仍然在那里，但是大部分的人都没有真正听过它们的歌声，我多么希望自己能像戈登一样，把这些声音告诉所有的人。身为野地录音工作者，我知道自己的工作就是为环境做记录做见证，总有一天，我得把所有的讯息传出去，并回过头来，去为保护这些天籁而努力。

保有荒野，让自然拥有自然

终于，我的许愿石在 2013 年 2 月 19 日回到身边，就在戈登把石头寄回给我的同时，他还放入一个当地的红色小石头。这个有趣的分身，让我想到了戈登自己的寂静石。他告诉我，有好事即将发生。

接着，戈登邀请我为美国奥林匹克国家公园正在进行的"荒野地位计划"（Wilderness Stewardship Plan），到公众论坛上发表意见与想法，这项计划旨在向全世界搜集各种不同的建议，以作为国家公园接下来保护与管理的重要基础。

戈登在信中问了我一个问题，那就是中国人怎么看荒野（wilderness）跟野性（wildness）的不同，我吓了一跳，因为很多年前，我去聆听“环境伦理学之父”罗斯顿教授（Dr. Holmes Rolston III）的演讲时，他问了我几乎一样的问题。

原来美国人早在半世纪以前，就已经为自然（naturalness）与荒野（wilderness）下了定义。根据 1964 年《荒野法案》（Wilderness Act）的解释，“自然”或是“野性”强调生态的本质，而“荒野”更着重于一种未受干扰，保有最原始、最古老的范畴。因此美国划出大片“荒野”，为了要屏除人类的一切干预与控制，让自然拥有自然。

《荒野法案》是一个充满谦卑尊重精神并对文明有着强烈反思的法案，对美国的环境保护影响卓著。然而，这样的界定，历经五十年，也备受争议与挑战。特别是针对森林的管理，有关森林火灾、外来种的入侵等等议题，经常与法案中所保障的内容有所冲突。但是让我非常感动的是，当前许多争议的焦点是落在对“荒野”地位的重新界定，从他们的文化、历史，及无数的论述观点中去深化与讨论。我可以在他们的辩证中，看到新的管理标准的建构过程。

重要的是，他们通过全民讨论来作为未来立论的基础。这种做法，也是依据《国家环境政策法案》（National Environmental Policy Act，简称 NEPA）的重要精神，就是所有公共政策决定过程中，任何关系到环境的信息都应该公开透明的规定。因此，国家公园特别利用公众论坛，来广纳——包括来自全世界的——民意。

戈登说，未来他希望在奥林匹克国家公园推动全世界第一个“寂静之地”，这个“荒野地位计划”将提供重要的实践依据，他很希望我能贡献自己的意见，也欢迎中国所有有想法的人，都能勇于上网表达。了解这样的过程，对我有相当大的启示。

我看着一位自然野地录音师，从聆听者变成了自然的代言者。原来，这么多年在野地获得的各种感动，为的就是完成这样的使命。我跟戈登通过一颗来自花莲的许愿石结了缘，这段一平方英寸的旅行，究竟将完成什么样的愿望？有趣的是，就在这颗石头回到中国台湾时，一连串机缘也就此展开，包括一个持续推广噪音防制教育的基金会主动找上我，还有许多奇妙的故事与际遇正在进行中！我仔细端详这颗许愿石，到底它要把我带向哪里？未来我能在中国台湾找到属于我的“一平方英寸的寂静”吗？

石头无语，我静静地把手放在上面三分钟，一种声音浮上心头，我知道抢救大自然声景的旅程即将展开。

壹·倾听之路

砂石车声中的天籁

我相信，懂得聆听的孩子，
将会为这个世界带来改变。

我的寂静许愿石绕过地球一圈，终于回到我的手上，没多久我接到林龙森先生的电话。他是华科慈善基金会的总干事，“听觉照顾”是这个基金会关心的重点，不只是针对听障人士，三年来，他们跟一群中小学校长共同努力，在校园中推广“减噪取静”的教育理念，龙森希望通过我的广播节目能把经验与成果分享出去。

一片空白的噪音教育

谈起噪音教育，在台湾地区的教育内涵中，可说是一片空白。我们是一个喜欢热闹的民族，在餐厅中总是高谈阔论，大声喧哗，我们不大懂得控制音量，并察觉自己对环境带来的影响。我们也不大理解安静的重要性，哪些是噪音？哪些是悦音？对我来说，保护大自然的声景，是因为这些声音是珍贵的国家资产，我相信自然声景对生态保护是重要

校园池塘可听见贡德氏赤蛙的热烈鸣唱。

1
—
2

1 我和孩子正在使用分贝计量测校园噪音。

2 噪音地图和我的许愿石。

的，但是在自然声景中所要面对的各种各样的噪音，又该如何克服呢？

自从我们的世界发明了内燃机之后，所有声景都改变了。朋友跟我说，未来如果全面改为电动车，世界会安静许多。因为设计者甚至怕车子移动时没有声音，让人失去警觉性，要故意制造一些声响，作为警示。这也显示出现代人对身处的声景，有一种习以为常的惯性，我们无法避免在噪音中移动，最后只能封闭自己的感官，我相信地铁上的低头族，应该不会太在意所谓的环境噪音。只是即使我们可以强迫耳朵接受这一切，身体还是在不知不觉中承受噪音所带来的压力，造成疲倦、血压高，甚至心血管疾病等风险。声音，跟现代人的文明病绝对有重大的关系。

当我开始懂得聆听自己心中的声音，就是我记录自然声景的开端。当我们封闭自己的感官，其实也在拒绝感受自己内在的世界。我们活在多元丰富的声音世界里，声音宰制了我们的情绪、意念，如果我们对它没有太多的察觉，可能与丰美隔绝，也可能向伤害靠近。

声音，是我跟龙森共同努力的焦点，对我来说，因为从事自然教育的经验，我非常希望保护这些美好的“自然声景”；而龙森所要宣扬的，则是如何避免噪音带来的伤害。这就像是谈垃圾分类，与保护纯净大地的理念一样，一个是具体做法，一个是愿景，根本是一体两面的事情，我决定跟龙森好好详谈。

无所不在的噪音干扰

龙森是一个非常谦和客气的年轻人，他走进我那与外界隔绝的录音间，却是要让我知道什么是“噪音”。他帮我在手机上安装了“噪音捕手”的 APP，这是免费下载的程序，不论是谁，都能随时随地监测噪音的大小。很快地，我发现即使四面都安装了隔音板，由于空调与机器持续运作，录音室内部空间的音量值居然也高达 50 分贝。他甚至提供给我一支噪音分贝计，可以更精准量测周遭环境声音的能量。

就正常人的生理结构来说，我们可以聆听到的声音频率是 20 ~ 20000 赫兹（Hz）之间，可承受的音量值是 0 ~ 120 分贝（dB）。就人对声音的感受来说，20 分贝以下已经是寂静的极限，70 分贝以上就是很嘈杂的状态，到了 85 分贝时，耳膜就会开始疼痛了。而且从 20 分贝到 40 分贝，并不是放大一倍的音量，而是十乘以十的差距（每增加十分贝等于强度增为十倍），也就是放大一百倍的能量，光是这点，就足以让我感到震撼。

有了这些粗浅的知识，我对噪音也有了不同的理解；加上分贝计上显示的数字，让我对环境音量的大小声有了更具体的感受。龙森说，他们发现，许多人对保护自己的听觉其实是很没有概念的，若是我们长期处在噪音的环境，甚至是长时间戴着耳机听音乐，都可能会伤害耳蜗中的毛细胞，造成永久的听力耗损。更何况有许多研究显示，孩子在噪音环境中会难以专注，影响学习，所以他们的首要目标，就是进入校园教导孩子如何避免噪音的伤害，同时也邀请防制噪音的研究团队，来协助校园进行减噪的工作。

其实，光是从音量大小来评断噪音，并不全然正确。否则在音乐厅欣赏交响乐时，分贝数偶尔可能会飙过 70，但是跟忠孝东路的尖峰时段比起来，你会明确感受到何者是噪音。不过，噪音的认定也有主观的成分，有些听觉敏感的人，甚至无法忍受极低频但重复的音响。

龙森希望我能报导他们如何带领孩子绘制“噪音地图”，就是让孩子们学习通过噪音分贝计，去了解校园中噪音的来源，并且寻求解决的方式。为了要结合我保护自然声景的理念，我向龙森献策，希望不仅介绍噪音教育，同时也介绍校园的生态环境，让孩子能在噪音中发现不一样的绿色声音地图，并在我的广播中开辟一个新单元，称为“倾听绿色校园”。当然，带孩子去发现大自然的声音，那可是我的专长。

于是，在龙森的安排下，我到新北市八里的长坑小学进行采访。这座小学位于观音山下，附近山林环绕，加上四周田园阡陌，本身拥有很好的自然条件，但是学校周边也存在许多铁工厂，不时会传来一些噪音。不过，真正噪音的来源，却是学校旁边的公路，这是一条交通繁忙的主干道。

倾听校园，发觉友善悦音

校长郑旭泰是一个热爱自然的人，他努力经营学校的生态环境，校园中不仅有水生池、蝴蝶廊道，还有太阳能板、风力发电等绿能设施，因此获得了中国台湾“永续发展奖”的永续教育奖，受到相当大的肯定。但是也因为重视环境质量，郑校长非常希望能改善学校的噪音问题。

华科基金会安排了长庚大学余仁方教授所领军的听觉研究室团队，到校园中进行噪音监测，并对防噪提出改善建言，除了让校舍尽量远离马路，减少噪音来源对受教环境的影响外，也可以通过搭建绿篱来阻挡砂石车呼啸来去的喧嚣。郑校长无奈地说，真希望林口一带的工程能赶快结束，学校就不会每天都得承受这样的噪音干扰。

我拿着龙森给我的噪音分贝计对着马路测量，当大卡车通过时，居然可以到达 90 分贝，非常惊人。但是一走进长坑小学，很快地我就被校园池塘中的贡德氏赤蛙的声音所吸引。尽管噪音无所不在，我却可以听到绿绣眼、白头翁、八哥，还有远方筒鸟与白腹秧鸡的叫声，可惜这样丰富精彩的自然声景，轻易地被埋没在各种人为噪音的世界里。🎧[3]

孩子们热切地跟我分享他们如何在绘制噪音地图中，发现各种噪音的来源，他们甚至觉得学校的钟声与广播都可能是噪音的来源。这个新发现，带给学校新的思维，校长老师开始讨论除了在音量上加以控制外，是否有更友善的替代方案。据我所知，有些学校已经在考虑用传统人力敲钟的方式，来取代现成的电子钟声，不论是否达到减噪取静的目标，至少是一种更人文的展现。

趁着采访空档，我试着教导孩子如何使用我的麦克风跟耳机，看他们专注聆听的表情，我知道他们已经在享受声景上有了崭新的体验。我轮番介绍周遭生物，让孩子能记住这些动物的声音，同时也建议学校带着孩子开始画另一张地图，那就是友善的悦音地图。我指着眼前树上一只白头翁跟孩子们说："你看在这样的噪音中，它必须很用力地叫，其他鸟儿才听得到呢！"戴着耳机的小男孩看着我，神情坚决地点点头。

我相信，懂得聆听的孩子，将会为这个世界带来改变。至少，他会有更多选项，来为自己身处的声景质量，做更多的坚持与努力。

壹·倾听之路

守护那被遗忘的存在

当我们愿意开放自己的感官向环境对焦，去聆听那些被遗忘的存在，这种觉察的开启，无疑是生命的提升与进化。

每次走在植物园中，我都能感受到这片森林的转变，其中一个明确的感觉是，这里越来越吵。我注意到园中许多灌木都被整理清除，并开辟出许多新步道，就声景的观点来看，以前树林远比今日来得茂密，层次比较丰富，当然防噪的遮蔽性较好，生物也有多样的躲藏空间，过去可以听到的自然旋律更多元丰富。如今植物园已不再清幽，周遭充斥着施工的敲打声、空调声，掩盖过那细碎的鸟鸣声，我突然感到懊恼，虽然我知道它在转变，却没有足够的证据来彰显这一切，如果十年前我就开始定点录音，相信许多感受与事实都能不言而喻。

“声”入研究，建构生态样貌

记得几年前参加了一场“生物声学”（Bioacoustics）的研讨会，我第一次发现，原来有许多不同领域的学者，都从声学的角度来进行各种各样非常有趣的研究。他们关注的范围很广，包括动物如何利用声音来彼此沟通、噪音如何对生物造成影响，以及昆虫、青蛙、海底鲸豚等不同物种的声学研究，声学与环境变迁……多样性的主题，令我非常惊喜。

守护那被遗忘的存在

通过那次研讨会，我有机会认识全台湾省研究生物声学的学者，后来他们都成了我广播节目“自然笔记”邀访的对象，其中一位就是姜博仁，之前我从来没见过他，研讨会当天，我也上台简短分享了我的工作经验，会后一位看来斯文白净的男孩主动前来攀谈，送我一张他所制作的“森声不息——台湾地区中大型哺乳动物声音图鉴”，并向我介绍他的身份。

我忽然一惊，因为我早已听过姜博仁这号人物，也知道他一直在台湾地区山林中寻找消失的云豹，只是他的文青外表实在很难与剽悍的登山高手联想在一块，更出乎意料的是，他对野地录音工作也非常在行。

在台湾地区录鸟音的专家不少，但是要能完整掌握哺乳动物的声音，则是困难重重。在博仁收录的名单里，除了常听到的台湾地区猕猴、山羌的声音外，还有赤腹、长吻、条纹三种松鼠，以及食蟹獴跟黄喉貂的声音，而且他录到的居然是食蟹獴妈妈和孩子的对话，这样的记录让我赞佩不已。

其实博仁硕士以前是念资讯工程，一直到了博士班才开始转向野生动物的研究，这样的转变已经够奇特了，关于他登山或研究的传奇故事我也多有所闻。但还不仅于此，他是我录音工程上最常咨询的朋友。我知道他花了上百万购置各种录音器材，其中几个高档的麦克风让我非常

姜博仁接受“自然笔记”的专访。

心动，没想到博仁慷慨地愿意借我试用，而我就像是开着借来的百万名车般，过足了干瘾。

过去在寻找云豹的过程中，博仁会利用四百台自动照相机，不辞辛劳地在山林野地到处布局，然后通过上万张监测拍摄的照片，作为研究的判读证据。这种方式虽不是创举，但却让人看到研究者的毅力与决心，因为这样的过程极为艰辛，并且充满挑战，而他的冒险精神也充分展现在研究方法上的突破。

2009年，林务部门委托屏科大裴家祺老师的团队，执行第四次所谓的“全国森林调查工作”。当时姜博仁是博士后研究员，开始应用录音的方式来进行环境监测与研究，他以“野生动物自动录音调查技术的应用与评估”作为四年研究计划的主题，前两年，他针对录音地点的空间设定，以及录音的频度、流程、后续数据的分析模式，做了全面的规划。

最初他选择十五个测试地点，采取合适的录音器材，进行二十四小时全天候的录音调查。但是这些野地搜集回来的原始数据，在分析处理时却面临考验。

首先，要靠人工聆听全部好几千小时的声音数据，简直是不可能的任务，但是用计算机分析的准确性不如人耳辨识。于是他建构出一个模式：每天聆听日出前后的十五分钟，加上每小时两分钟的取样聆听。而夜间录音则是以计算机声谱进行全盘扫描，这样就可以掌握约百分之八十以上的正确率。头两年调查的目标主要是针对鸟类，而且只单纯针对“物种”来记录。

公民科学家可以协助完成许
多不可能的任务。

第三年起，他开始延伸到“数量”的调查，其中的关键在于更精进的录音技术，以四轨环绕的声音来还原立体空间。不但提供物种本身的信息，也建立了数量统计的参考架构。到了计划第四年，姜博仁进一步探讨时间的因素，依据季节（繁殖季、冬候过境期）对应调查的物种，让研究主题更为精准。

解放学术专业，公民“声”力军

以声音作为环境的监测与研究，在境外已行之有年，成立于1915年的康乃尔鸟类研究室（The Cornell Lab of Ornithology）即为个中翘楚。它是结合研究、保护、观赏等多目标的机构，能针对不同年龄层的民众，提供深入完整认识鸟类的信息。研究室的组成分子，不仅有科学家，还有喜爱野生动物的一般民众，合力为学术研究、科学教育、环境保护而努力。

其中最特别的莫过于一群“公民科学家”（Citizen Scientists），也就是让一般市民凭借基本的科学训练，自愿协助各种科学研究调查，并将资料提供给研究室整合与判读。像“繁殖鸟类调查”（Breeding Bird Survey，简称BBS），这群公民科学家就肩负着非常重要的职责。

BBS的研究方式，是在固定的样区内设立调查样点，并在鸟类繁殖季节，由一群调查者前往观察与记录鸟的种类与数量。这样的观察，除了视觉之外，更重要的是仰赖听觉。调查者必须通过鸟音的辨识，进行记录。

这套研究方式后来也于2009年，由台大生态学与演化生物学研究所李培芬教授与“中华鸟会”共同引入台湾地区，并建立了“鸟音数据库”作为辨识的基础。到了2011年，特有生物研究中心加入“中国台湾繁殖鸟类大调查”（BBS Taiwan）的计划，开始广招“公民科学家”来协助调查工作。

截至目前，已经有三百三十五位的“公民科学家”，这群人有些是鸟会的志愿者，有些是对这份工作有兴趣的社会大众，他们要在全台湾省三百六十多个样区，总共三千多个据点进行调查。就时间轴来看，主要调查的月份是三月到六月的鸟类繁殖期。调查者采取定位调查法，也就是三百六十度全方位的听音辨识。这样的方式考验着调查员的“听功”，因为每种鸟都有几种不同的歌声。记得有一次我录过一种很像替小儿催尿的嘘声，后来才知道那是黄嘴角鸮求偶的叫声，跟我们一般听到的典型声音全然不同。这样的功力，需要多年野地经验的累积。

鸟音补习班，专治疑难怪“声”

特生中心栖地生态组组长林瑞兴，是鸟类学家，也是培训这群“公民科学家”最重要的灵魂人物。他说，通过公民科学家的力量，能涵盖更广的科学调查面向，也能持续累积研究资料，长期来说，这些研究内涵弥足珍贵。

过去我在野地录到不明“歌手”时，都是向林老师求救。这位鸟音达人，协助过不少民众在鸟音辨识上的疑难杂症。但是当他也遇到瓶颈时，就会要求把这些“怪声音”传到网络上的一个神秘基地——“鸟音补习班”。其中“声音讨论”的论坛上，可是卧虎藏龙。有一回，我把在内洞录到的一段声音传上去，那背后的“歌手”考倒许多专家，结果居然在这里破解，答案是：“小弯嘴的母鸟。”这段歌声在网络上引起一番讨论，尽管这些幕后高手我都不认识，但是终于明白，原来有一群对动物声音痴迷，并持续研究记录的同好，他们不仅会分享自己的专业，还会相互支持切磋，增进彼此的功力。[4]

这样的力量，正慢慢培育出一批新的声景保护员，他们拥有绝佳的听功，不仅可以协助科学调查，建立更完善的数据库，同时在环境教育上，也可获得更多发挥创意的有趣素材。当然，我相信不论是对姜博仁或是林瑞兴而言，通过声音能为保护土地带来力量，正是这一切热情的来源。

虽然，因为生物间无法逾越的鸿沟，我们终究难以完全译码动物的语汇。但是至少，当我们愿意开放自己的感官向环境对焦，去聆听那些被遗忘的存在，这种觉察的开启，无疑是生命的提升与进化。

通过声音来进行环境生态监测，可以提供更完整的信息内容及面貌。

壹·倾听之路

变迁中的城市声景

留下这些历史的跫音，让我们不仅有了回味的空间，也可以展现岁月演进的痕迹。声音，是自己与过去连接的重要线索。

李志铭带着一堆 CD 出现在我的录音间，他所搜集的声音数据库，有着历史上的重要意义：包括了 1969 年日本野鸟专家蒲谷鹤彦（1926—2007）录到的阿里山森林铁道录音、水晶唱片录制的台北华西街叫卖声，以及最早收录的东部卵石海岸浪声……对同样是喜欢倾听的人来说，这些声音让我惊喜不已。

这是我第二次采访李志铭。一切的机缘源自于我拜读了他的作品《单声道——城市的声音与记忆》。我相信那是一种频率上的共振，因为翻开书才读了几行字，内心立刻掀起一阵澎湃。这是一本关于“声景”的作品，谈到不同时代的声音记忆，也谈到声音在城市变迁中所呈现的坐标位置。我被书中的声音风景深深吸引，告诉自己一定要认识这位作者。

1 | 2
  | 3

1 志铭在“爱悦读”节目中接受我的专访。

2 行经台北市大安区的妈祖绕境活动。

3 静巷中的声景，是台北市的特色之一。

声音考古，唤回昔日记忆

志铭是一位非常优秀的写作者，他的著作《装帧时代》《装帧台湾》及《单声道》连续获得金鼎奖的肯定。我知道他非常善于在旧书中寻宝，但是我不知道他更是挖掘老声音的高手。他收藏了三百多张黑胶唱片，有老歌，也有各种稀奇古怪的吆喝叫卖记录与自然天籁。他像是一位星探，让这些被遗忘的声音，重现了生命的亮度与光彩，同时赋予了时代上的重要意义。他说自己其实热爱声音的考古学。

我仔细聆听了那段蒲谷鹤彦在阿里山车站录到排骨便当的叫卖声，以及蒸汽火车的汽鸣声，仿佛身临其境。这是 1969 年的录音记录，我赶紧把自己 2012 年于阿里山沼平车站所录的声音找出来，同样是人声热络，但是火车呼啸间的速度与节奏、鸣笛声全然不同，我把两段声音放在一起比对，计算机上呈现两段紧密联结的波形，却是相隔了四十三年的声景转变，这样的聆听经验，相信对许多人来说，都会带来感官上的震撼。[5]

还记得 1988 年，我在幼狮广播电台主持一个校园广播节目，曾经制作了一集“淡水的最后列车”。当时从台北火车站开往淡水的铁路，正因为未来的地铁施工，面临被拆除的命运，让人非常不舍，因为这条铁路曾带给许多人独特的回忆，我也是其中之一。

高中时，我是摄影社的社长，很爱四处寻找拍摄主题，尤其爱约同学去淡水拍照。那时淡水新市镇还没有开发，四周田园阡陌配合着河畔夕照特别浪漫，我也爱在巷弄间和古迹、老建筑相遇，去感受那种穿透时空的宁静气息……大学后，淡水开始盛行单车旅游，带动不少人潮。

接着商家进入、车潮涌入，当年的氛围随着铁路拆除而逐渐远扬。我手中还保留了当时太平洋音乐所出版《淡水最后列车 & 音乐之旅》的卡带，细腻地记录了士林站的夜市声、关渡站的雨声、淡水站与旧街的音景。想想看这些场景，竟与今日地铁窗外的一景一物，有了二十年以上的时空距离。

大部分的人，都是通过视觉来记忆周遭的一切。然而比起老照片所具备的穿透力，我觉得老声音似乎更能把人带回现场。

世界调音，保存特色“声标”

事实上，人对声音世界的觉醒，跟噪音带来的伤害，有着绝对的关系。我在志铭的书上，看到了一位非常关键的人物——谢弗（R. Murray Schafer）。这位加拿大的音乐家，在 1977 年写下了关于“声景”的经典著作《世界调音》（*The Tuning of the World*）。

谢弗让世人重新去学习关注我们身处的声音世界，特别是工业革命后铺天盖地所带来的环境噪音，让我们清楚察觉，原来人类对于这个世界声音的组成与改变，有着绝对的责任。

身为一位音乐家与环保主义者，谢弗不但让我们看到一个由视觉所宰制的文化面貌，并强调相对于“地标”（landmark）的功能，“声标”（soundmark）所应该具备的在地特质。但是我们对这样的声音保存并没有警觉，特别是纯粹的大自然声景。

多数人对声音的心灵感受都是通过人为音乐来操控，甚至通过这些音乐的散播，造成所谓的声音帝国主义（sound imperialism）。的确，如果你今天走在台北的东区街头，可能跟东京的银座，甚至跟纽约梅西百货公司（Macy's）内听到的声音是一样的，但是，大部分的人对自我声景特质的损失毫不在意，因为交通所带来的噪音，继续让世界声景模糊地混在一起，所有的特色皆被覆盖在噪音之下。

噪音，让人连自己的脚步声都无法听见，最后的结果，是在我们跟这个世界之间筑成一面无形的墙，阻绝了链接的机会。谢弗的观点影响了许多人，著名的美国前卫音乐始祖约翰·凯奇（John Cage），就称谢弗是他心目中"最伟大的音乐老师"。事实上，凯奇本身也是一个传奇人物，他最著名的音乐作品《4' 33"》有三个乐章，却没有半个音符，演奏者就静静坐在钢琴前，整整四分三十三秒，用无声的音符来演奏一首不凡的作品。

但那四分三十三秒，真的是全然寂静与无声吗？还是每回演奏的当下，都因环境、听众发出的不同声音而成为一种新的创作？至少，音乐家帮我们重新上了一课，深刻地向自我感官挑战，让听觉重新对焦与调音。这些思维甚至孕育了"声音生态学"（Acoustic Ecology）的诞生，这门学问所关注的是凭借声音的媒介，来探讨生物与环境之间的关系。今天世界各地都在展开保存声景的计划，通过当地声音的录制，来寻找独特的声音风景。

练习聆听，寻回土地之声

我回想起多年前在淡水忠烈祠所收录到黄鹂的声音，鸟会的朋友告诉我，以前这里也可以看到朱鹂，当然，今天它们的身影已在淡水的天空逐渐退隐，而我曾录到的许多声音也已成为绝响。

这几年我也见证了制作纪录片时，都会犯下的通病：那就是把音轨关了，回录音间重新配音，再用音乐“美化”一切。虽称环境纪录片，却扭曲真实，甚至拍摄过程制造了巨大的噪音，不但无法反映真实声景，还让生物饱受惊扰，都应该检讨与反省。

因为噪音，让我们拒绝聆听。也因为拒绝聆听，我们连拥有什么，或是失去什么都不知道。因为我们不善于聆听，也无法解读声音背后的讯息与力量。志铭在书上写着：“听闻鸟鸣声背后所代表的意义，毋宁更取决于当时的社会环境。”不懂得聆听鸟语，是否也是我们这个世代的失落呢？

如今，我们应该努力的，是找回属于这片土地的声音，不论是自然天籁或是人文上的音景。这些数据，有着文化创造与美学建构上的意义，更重要的是，留下这些历史的跫音，让我们不仅有了回味的空间，也可以展现岁月演进的痕迹。

声音，绝对不是配角，而是理解自己与世界的重要通路。

壹·倾听之路

黑胶中的田野声景

蒸汽火车、城市声景、寂静禅寺、野鸟录音……感谢承载多样历史声音的黑胶，让我欣赏到那些走过田野的缤纷身影，也找回自己最初的悸动。

我跟李志铭因为“声景”而结缘，有一次志铭主动邀请我去王信凯的“古殿乐藏”挖宝。他说，信凯那里最近来了一批新的黑胶，其中有些是关于日本早期声景的作品，甚至还有最早的野鸟录音。光是听到这里，我就知道非去不可。

王信凯本身是历史博士，非常喜欢搜集历史录音，特别是古典音乐作品，不过其他的民族音乐或是另类音乐也不在少数。他在地铁竹围站附近所开设的“古殿乐藏”唱片艺术研究中心，可说是黑胶乐迷必定朝拜的圣殿。

日本聆听文化的触发

初次造访，信凯就热情地搬出非常多张让我赞叹不已的黑胶唱片。从田野录音的角度来看，我对那些制作年代是在我刚出生，甚至是我出生之前所录制的蒸汽火车、城市声景、寂静禅寺等特别有兴趣，显然日本人有非常悠久的聆听文化，这些历史跫音不仅展现了当地特色与历史保存的价值，也显示在他们社会中，有一批懂得欣赏声音美学的发烧友，愿意支持这样的作品。

或许这样的声音爱好者，都是一些喜爱音响工程的人。因此在这些作品中，录音师都清楚记载他们是如何录音，用什么样的麦克风，以怎样的角度与想法来完成各种声音记录，这样的细致与用心带给我非常大的震撼与感动，并提供许多创作上的灵感。

这些早期的黑胶唱片大概是 1960 到 1970 年代录制的，那时候的中国台湾虽然稍稍脱离了 1950 年代白色恐怖的肃杀氛围，社会风气还是相对封闭。记忆中小时候聆听过的黑胶主要都是音乐作品，长大之后去唱片行找的也多是西洋流行音乐或是民歌，这类田野录音在我的聆听养成背景是陌生的，唯一记得的是，当时在中广李季准的广播节目中，偶尔会听到他收录的环境声响，像是庙口前的摊贩、港口或是夜市的声响，配合他低沉磁性的声音，让这些空间增添了一种“感性”的独特魅力，原来他不仅有好的嗓音，也有好的赏音品味，这一点我后来才明白。

当地少数民族动人天籁的感悟

1980 年代我在大学念书时，印象最深刻的田野录音作品，就是吕炳川教授（1929—1986）所采集的当地少数民族歌曲。我头一次发现，那些单纯的吟唱跟我从小到大听过的“山地音乐”完全不一样。1987 年，我第一次在学校电台播放布农族的“八部合音”——《祈祷小米丰收歌》，那纯净动人的天籁美声，听在有些同学耳中却觉得“阴森恐怖”。

但是这些声音已经深深震撼了我，我开始研究当地少数民族音乐还有让我着迷的文化内容，甚至写了一篇“邹族社会的传播研究”，来年发表在政大新闻系的《新闻学人》期刊上。当初聆听到吕炳川收录的这些声响，唤起我血液中潜在的人类学基因。

没想到这么多年后，我又在信凯的“古殿乐藏”，跟吕炳川的《台湾土著族音乐》相遇，这张黑胶是 1977 年由日本胜利唱片发行的，据说它还代表唱片公司去参加日本文部省举办的艺术祭，荣获大奖，但在中国台湾似乎并未获得相对的重视。

这次，我终于有机会好好认识这位中国台湾第一位民族音乐学博士。吕炳川在日本留学期间，开始研究民族音乐。从 1966 到 1979 年，他走访了台湾地区一百一十个村落，进行当地少数民族的田野录音，留下非常丰硕的成果。他甚至在屏东四重溪、台东山区采集到《思想起》这首曲子，并依据当地的节奏、唱法，判断它是由平埔族的西拉雅族歌谣演变而来，所以是一首被“汉化”的民谣作品，这样的研究到今天仍然让人惊艳。

野地自然声音的召唤

受到民族音乐的鼓舞，我也拿起录音机与麦克风，去采集我能搜集到的当地少数民族歌曲和语言，不过这样的兴趣没能一直持续，就跟大部分的人一样，我在大学毕业后继续攻读研究所，接着到知名的媒体工作，尽管我并不认为那是我真正的志趣。一直到开始赏鸟，我的内心似乎又回到了初次聆听八部合音的震动。只是这样的情境，是来自于那些隐身在灌丛后，还有浓密枝叶缝隙间的骚动，我专注地搜寻，仿佛有种深不可测的好奇紧紧地攫获了我。在野外采集自然声音，绝对是脱离一般人的舒服圈，我所面临的，是既无特定模式，也无特定旋律，四面八方而来的不确定，但这却不可思议地带给我一种前所未有的安定感，我几乎可以听见心中的欢贺声。

1977 年刚开始投入“自然笔记”制作的那一年，我“听声辨鸟”的功力并不好，那些在野外收录的声音常常让我十分困扰，也不知道该如何解惑。我唯一找到的鸟音图鉴，是由刘义骅录制、玉山公园所出的《山之籁》，总共记录了二十多种鸟鸣声，对当时的我来说简直是如获至宝。另外，杨懿如在阳明山公园所出版的《青蛙赏音图鉴》，对野外录音辨识也有极大的帮助。接着风潮唱片开始结合音乐与自然天籁推出环境音乐作品，通过徐仁修、廖东坤、孙青松、吴金黛等人的野地录音，搭衬着优美悦耳的演奏音乐，果然引起相当大的“风潮”。这系列的作品，也成为“自然笔记”最钟爱的背景音乐选择，记得 1999 年，台湾第一张大自然音乐《森林狂想曲》推出的时候，还在植物园热热闹闹地举办了户外音乐会，当时的我躬逢其盛，担任这场活动的主持人。

接下来在公共空间，比如餐厅、百货公司、书店……经常可以聆听到这样的音乐，而一些本土生物的声音，不论是飞鼠、山羌、猕猴、野鸟……也意外地在城市各种空间跃然而出。似乎这样的音乐作品，反映出现代人期待“返璞归真”的心灵想象，虽然多数人恐怕都不识那些动物歌手的“庐山真面目”。

除了管理部门外，台湾地区罕有商业唱片公司会出版纯粹声景的作品。我唯一知道的，是 1997 年水晶唱片发行的专辑《浪来了：倾听·台湾的话》，收录了花莲吉安乡四十七分钟海浪拍岸声，算是台湾地区田野自然录音的一项创举。

1
—
2

1 信凯正在跟我分享他的收藏。

2 日本人非常注重田野录音的技术与保存。

古老唱盘传来的音律，岂止是“怀旧”而已。

虫胶鸟鸣唱片的探究

但是在日本，这样的录音作品比中国台湾早了六十年以上。我在信凯的收藏中，看到一张大约是1930年代所出的七十八转虫胶唱片，虫胶是比黑胶的赛璐珞质地更早用于制作唱片的原料，主要是手摇式留声机专用唱片，出版时间约为1890到1950年。虫胶是昆虫分泌的经济产物，这种奇特的成分现也应用在食品添加物中。信凯所拥有的这张唱片，算是非常珍贵的鸟鸣作品。唱片上并没有写录音师的名字，但是却写着“调莺轩”，可能是录音者的名号。其中一面写着是“金丝雀”，另一面则写着“稻继”。后来一位精通日文的朋友告诉我，“稻继”或许就是录音的地点。

看着信凯一面剥着竹片唱针，一面摇着唱机把手，仿佛正在进行某种神圣的仪式，我端坐凝神，听到那遥远时空传来的鸟鸣。那段金丝雀的啁啾，非常清晰明亮，猜想应该是笼中之鸟。接着，信凯翻向另一面播放时，古老的唱机传来了我非常熟悉的音律，我立刻联想到——台湾小莺！它最典型的旋律是“你～～～回去”，每回我在野外跟朋友介绍这种鸟鸣的谐音时，总会引起一阵笑声。不过，我听得出来，这只日本鸟跟台湾地区小莺在腔调上有些不同，但绝对是莺亚科的鸟类，这类鸟又被称作报春鸟，经常会在农田附近的灌丛中出没，到底八十几年前，这只鸟是在什么样的情形下被收录到的，我非常好奇。🎧[6]

探究这样充满历史的声音，最有趣的是重新对焦背后的故事。这些声音所承载的讯息，让我们经历我们并不存在的空间，悠游在当时的情境与自己想象的真实中。谢谢信凯的黑胶，让我欣赏到那些走过田野的缤纷身影，也找回自己最初的悸动。

贰·越境寻声

月夜、古城、钟声

西西里寻声记（上）

我从来没有想过，因为“倾听”，我会来到西西里岛。更没想到，我会在这座古城度过四个晨昏，遇见许多有趣的人物，更听见那些让我为之着迷的声音。

车子摸黑开上山，海拔七百五十公尺的古城在月光薄雾中隐隐浮现。这车上除了我、意大利的司机，还有一位荷兰学者山达（Sander von Benda-Beckmann），他是专门研究声呐的学者，也是我在机场认识的第一位科学家，我们都落了单，在等候接送的漫长过程中成了朋友。

鲸鱼搁浅的未解之谜

山达长得人高马大，气质却非常温文儒雅。听他谈到声呐，我立刻想起黑潮海洋文教基金会的赖威任曾播放一段不明的海底录音，我怀疑那是种声呐的声音。好几年前，我曾追踪一则新闻，当时台东成功搁浅了九只短肢领航鲸，我回想之前在《自然》期刊上读到西班牙海军在加那利群岛（Canary Islands）进行军事演习，造成了十四只鲸鱼搁浅死亡的事件，不禁怀疑那次台湾地区大量鲸鱼搁浅，会不会与军演有关？加上后来在英文报纸上，又读到一则中国台湾海军部门购买两套美制的低频声呐系统（Low-Frequency Active Sonar，简称 LFAS），来加强海军反潜艇侦测的新闻，我心中更是充满了忧虑。这件事我始终没有找到答案，军事部门有关方面也以安全为由，拒绝向我透露实情。但是声呐对海洋的影响，却是全世界的海底声学家都在讨论的课题，也是山达研究的重点。

听到我如此关心低频声呐系统对海洋环境的影响，山达终于明白我为什么千里迢迢来到这里取经。他要我把声音寄给他鉴定，因为这正是他研究的主题之一。山达目前在荷兰应用科学研究院（Netherlands Organization for Applied Scientific Research，简称 TNO）工作。这个组织接受政府与非营利单位委托的研究计划，有点像是我们的工研院，致力于发展产业和社会福祉的各项创新任务，而山达研究的出资者主要是军事部门，这种兼具国防与环境研究的主题及工作内容，在西方已经非常普遍。

不过让我印象深刻的，是山达的家世背景。他的父母都是荷兰著名的人类学家，山达小时候曾经在印度尼西亚小岛上住过，多元文化的接触，让他在同龄的孩子中显得分外早熟。他原是天文物理学家，后来才转为研究海洋物理与声学；同时，他也是位才华洋溢的爵士钢琴手——这一点，我是之后才发现的。

千里迢迢的取经之旅

我跟山达一路畅谈，当车内颠簸停顿下来，我推开车门，立刻被夜

1
—
2

1 西西里岛的机场比我想象的更“荒野”。

2 荷兰学者山达是我到西西里岛后，第一位认识的科学家。

色中的寂静氛围所笼罩。行李箱的轮子和相传已有数百年历史的卵石路面产生共振，在起伏的节奏中，我意识到自己离家真的很远了。我想起严宏洋教授跟我说的："别忘了欣赏沿途的风景，那里真的美得不得了。"但是我到达时，天已经全黑，西西里长什么模样我还全然不知，只记得海关有一只大狼狗，老是追嗅着旅客的行李箱。我想起来了，这儿可是举世闻名的黑手党老家。

促成我展开这趟旅程的严宏洋教授，是国际知名的海洋生物学家，专长是鱼类神经与感官研究，他是全世界第一位测量出鱼类脑波的学者。我因为采访与他结识，他知道我关注环境声音，六月时收到他的信，告知十月西西里岛即将举办一场海底生物声学的研讨会，他受邀演讲，信中还描述了那个十九年前他曾经造访的地方，"你一定会爱上那里，埃利契（Erice）是保存非常好的中世纪古城，更重要的，将会认识全世界最重要的海底生物声学研究者。"这番说辞让我极为心动，就这样，我努力让这个迷人古城成为我抢救大自然声景的旅途必到之处。

我从来没有想过，因为"倾听"，我会来到西西里岛。更没想到，我会在埃利契这座古城度过四个晨昏，遇见许多有趣的人物，更听见那些让我为之着迷的声音。

在昏黄街灯下，我们被引进到一座古老的修道院，这里原名圣洛可（San Rocco），如今则依核磁共振技术发明者、1944年诺贝尔物理学奖得主之名，重新命名为伊西多·拉比（Isidor I. Rabi）学院。古城内有四座修道院，修复完成后成为全世界科学家每年聚会的重要地点。每栋历史建物都以当代最杰出的物理学家重新命名。创始人安东尼诺·齐基

VIA
ANTONIO PALMA

基（Antonino Zichichi）教授，曾任北约国际科学委员会的主席，本身就是一位意大利物理学家，他以在西西里岛出生，最后神秘失踪的意大利理论物理学家埃托雷·马约拉纳（Ettore Majorana）为名，于 1962 年成立了这么一个对科学定位与世界展望充满前瞻思考的科学文化基金会与中心。

埃托雷·马约拉纳基金会底下设立了一百二十三所学校，包括各种不同的科学领域，负责承办每年在埃利契召开的科学研讨会。这里并不是西西里岛上热门的观光景点，但是每年总会有数百位科学家造访，包括了诺贝尔奖得主，以及后进的年轻学者，一同齐聚在这中世纪的宁静山城中，希望针对科学定位与人类的未来，激荡出更多思想与研究上的火花。

我这次参与的研讨会，是由动物行为学校主办，虽然关注的是海底生物声学，参与的学者不仅限于海洋生物学家，还包括研究微中子的物理学家。我虽然对相关主题做了些功课，但是老实说，以一个没有科学背景的人来说，这样的内容无疑充满了挑战。我想了解的几个核心问题——像是海洋到底存在什么样的噪音？对海洋生物造成什么样的影响？人类如何面对与处理这些海底噪音？——希望这几天可以获得一些方向与解答。

宁静山城的神秘之声

我跟山达把行李放置妥当，很好奇为何没看到其他的人。我不大会使用那把古老的房间门锁，怎么都关不上门，于是跟守门房的先生比手画脚解释了半天，这位西西里男子一脸困惑地看着我，表情有些冷漠，让我想起书上描述的西西里人基本典型——阴郁、严峻、脾气暴烈。他只回了我几句意大利文，我立刻明白，接下来的日子我得靠自己了。只是我怎么也没想到，这位萍水相逢的吉欧凡尼（Giovanni），后来会让我感受到非常不一样的热情。

我们都拿到了一张地图，还有一个识别证，这是我们这几天的饭票。因为只要戴上证件，就可以按图索骥，到所有名列在古城中的餐厅用餐，而且只需要签个名就好，完全不用付费。

尽管置身在异域，我很开心此刻还有山达陪我探险。当我们晃到一家餐厅，才发现原来所有的人都在这里用餐。意大利人的晚餐大多从八点半以后开始，这种"慢活"的生活态度，是台湾地区许多人推崇的价值，但是此刻的我，只想大快朵颐地中海美食。

尽管外面街道一片死寂，餐厅内倒是热闹哄哄。一眼望去全是西方人，山达大部分都认识，他说，他们是意大利当地的学者，我赶紧追问，里面有帕文（Gianni Pavan）教授吗？山达看了一眼，对我摇摇头。他是我这次设定好的主要受访者之一，也是研讨会最重要的策划者与负责人。想到要跟他访谈，心中还是有些忐忑。我从严教授的口中，知道帕文教授是非常优秀的海洋生物声学专家，特别关注自然声景，我很期待能跟这位意大利学者好好谈一谈。

到底这几天会遇见什么样的故事？我心中充满期待。当我跟山达走回修道院，注意到后方传来的钟声，好神秘的音律，在昏黄黯淡的回廊中幽幽散播……我出神地仰头张望，月色迷蒙，云雾飞旋有如漂荡幽魂，我步步向前，想要琢磨这声音的源头。这钟声可跟这里的建筑物一样古老？十四世纪的埃利契是否跟今夜一样沉静？是否流传着同样节奏的声景？我下定决心，明天清晨将出发去寻找古城的钟声，还有那些我即将遇见的声音。[7]

古城中有让人着迷的风景，
也有让人着迷的声音。

VENDE

海岛迷歌

西西里寻声记（下）

踏入这诸神的梦幻国度，我虽无法重闻当年女妖的歌声，但可以确定的是，就像那位过境的水手，我们都对海底传来的声音有种无可自拔的好奇。

不知道有没有人像我一样，是从清晨摸黑的散步开始认识埃利契，而且还是来自中国台湾的野地录音师？

睡前，我吃了一颗褪黑激素，一觉睡到五点钟，被手机的闹钟唤醒。出外工作时，我总是提高警觉，这是在自然野地录音养成的习惯，因为我必须比鸟起得更早些。我把一切配备安装妥当，窗外仍然一片漆黑。走下台阶，庭院种的木兰、柠檬树停格似地伫立，橙花在斑驳的墙槛上暗香浮动，那尊高举孩童的修士雕像也冷眼旁观。我轻手轻脚地来到大厅，守门的人换了，不是昨天的吉欧凡尼（Giovanni），而是另一个矮个头的男人，他发现我要出门，起身向我走来。

我向他微笑点头，虽然只是打算在附近溜达，但毕竟初次造访，手上没有地图、也没这里联络电话的我，还是不放心地向这位当地人搜集

1 | 2

3

1 月色古城，在无声的夜里分外“寂静”。

2 埃利契这座古城，每年都有许多来自世界各地的科学家在此聚会。

3 我在夜中守候的是来自钟塔上的旋律。

一些情报。我想知道什么时候天会亮？试着用英文问了一次，那人立刻用意大利文回答，我琢磨了半天，猜想是一个小时后。接着我又比了一个哑谜，想知道一个人在外面安不安全？我通过身体语言，在脖子上比画出切割的手势，男子被我逗笑了，他吐了一串意大利文，配合他的肢体动作，被我解读为“外面根本没人，你安心去吧”。

探声，在梦幻国度、神鬼之境

我推开厚重的木门，把自己封锁在另一个奇特的空间里。我很快就发现，我的理解是正确的。但是，这位西西里人并没有告诉我，此刻的埃利契更像是阴气深重的鬼城。在阳光尚未出来的时刻里，古老的巷弄间不但雾浓风大，砌石路面可以听见我清楚的脚步声，偶尔还会遇到那些走起路完全无声的黑猫，在月光与昏黄灯影下，好奇地对我打量。

我的身上绑满拉拉杂杂的线，脖子上还挂着耳机和笨重的单孔相机，手上握着的一把指向性麦克风，似乎成了唯一的护身武器。我四处张望，像是格林童话《糖果屋》中用面包屑标识归途的孩子。我仔细观察，希望能记得自己走过的确切位置，道路特征，招牌、窗户形式……忽然间，听到左前方十一点钟的方向传来了“当当……”的声音，我立刻把耳机挂上，把麦克风朝着方位向前跟进。就在钟声结束的那一刻，我发现自己来到一个陌生的广场上。

这样的画面是充满想象的，尤其事前已自我灌输了许多关于这里的神话故事，这里的神秘，非属人间。那是流传在荷马史诗中的故事情节：特洛伊战争后，落难王子埃涅阿斯（Aeneas）背着父亲逃难到埃利契，后来船只失火，一些手下就在此落脚，成了最早的居民，埃涅阿斯还因此建立了埃利契最古老的维纳斯，也就是阿芙洛狄忒女神（Aphrodite）神庙。另外根据希腊神话，当初帮克里特岛上的米洛斯（Minos）国王打造用来囚禁人头牛身怪兽的迷宫建筑大师代达罗斯（Daedalus），因为国王怕他把秘密泄露出去，也把这位建筑师囚禁起来，于是善于工艺的代达罗斯借助于蜡制的翅膀，一路从克里特岛飞到埃利契降落。

然而，最让人着迷的，是希腊神话中搭着亚果号船（Argo）要去寻找传说中金羊毛的水手，来到这附近海域听到了金嗓女妖的奇幻歌声，因为抗拒不了诱惑而跳入大海，后来被阿芙洛狄忒女神救起，并带回神庙中双栖双宿。后继的水手据说也曾依循古老的传说，在地中海沿岸的古老神庙中，通过女性服侍者的性爱仪式，以获取女神庇护。

这些神话情节绚丽又迷离，踏入这座诸神的梦幻国度，我虽无法重闻当年女妖的歌声，但可以确定的是，我跟那位过境的水手一样，都对海底传来的声音有一种无可自拔的好奇。

巧遇，于鸟鸣犬吠的拂晓林间

当天幕逐渐透亮，我朝卫城的方向走去，突然间路旁的街灯全面熄灭，荒凉古城像是更幕似地切换音景，前一刻的幽暗寂静，开始淡淡地窜进了鸟鸣声。

我终于发现整片的树林，极目远眺，这里的山头都像是被切割过的巨岩城墙，难得见到有如中国台湾的青葱绿意。很快的，我注意到麦克风传来的歌曲，立刻想起在合欢山冷杉林枝头录过的鷦鷯（Wren），在中国台湾虽然是一百多年前一位英国博物学家古德费洛（W. Goodfellow）帮它定了名，但是早在中国的古诗词中就可见“鹪鹩”之名。其实这种鸟普遍分布在北半球地区，之前戈登·汉普顿寄给我在北美霍河雨林中的鸟音也有鹪鹩的歌声，但是生活在西西里、美国跟中国台湾的鹪鹩在“曲风”上是否有所异变，倒是一个有趣的生物声学研究主题。🎧[8]

我专注聆听，却忽然听到急促的喘息声，那声音的轮廓越来越清晰，越来越逼近，几乎朝我飞扑过来，我赶紧回头，一只情绪激昂的狗儿直接冲向我，他的主人紧紧跟随，一看居然是昨晚遇见的吉欧凡尼，他的神情显得既惊讶又愉悦，跟之前的严肃冷淡全然不同，我想在这片拂晓的深林间遇到一个正在录音的东方女子，对这位西西里男子与这条兴奋的狗儿来说，都是一种奇特的经验。

不过，我们很难交流，吉欧凡尼腼腆地笑了一下，只说了一句 Ciao（你好）。我也回了一句 Ciao。当然，这样的相遇似乎是一个伏笔，因为接下来，我几乎每天都会在不同的地方遇到吉欧凡尼，有一次甚至是在邮局里，我想寄一张明信片给朋友，正在困惑该如何处理时，吉欧凡尼突然拿着包裹出现在门口，也顺便帮我解决了难题。我们似乎很有缘，也许是因为古城太小，怎么转都会遇见同一个人。然而，我也不禁揣想，或许在某个时空中，我跟他早已熟识，当然，这番迷情想象只能留在电影的剧本里。

梦想，在充满温暖与反思的科学殿堂

结束了清晨的探险，我紧赶回到这几天研习的据点——圣多尼克

"We experimentalists are not like theorists: the originality of an idea is not for being printed in a paper, but for being shown in the implementation of an original experiment."

Patrick M.S. BLACKETT – London 1962

自然科學的發展是世界上各國
科學家共同努力的结果。
科學發展的成就應該為滿足人
類的知識和幸福，不應該用來消滅
人類。

丁肇中
1984.12.5.

1
2

1 帕特里克·布莱克特 1962 年经典名句。

2 走过千里，在此与丁肇中博士写下的文字相遇。

1
2 | 3

1 古色古香的讲堂外观。

2 瑞可班尼是一位粒子物理学家。

3 帕文（Gianni Pavan）教授是海洋生物声学学者。

修道院（San Domenico Monastery），如今更名为帕特里克·布莱克特（Patrick M.S. Blackett）学院，也是以一位卓越的诺贝尔奖得主来命名。讲堂入口的广告牌上，引述了一段这位大师在 1962 年的经典名句："我们实验主义者并不像是理论主义者：一个原创想法不能只印制在论文上，而是通过原创实验的完成，才得以展现。"（We experimentalists are not like theorists: the originality of an idea is not for being printed on the paper, but for being shown in the implementation of an original experiment.）

这段文字让我震慑，那不只是对着科学家说话，更是对所有怀抱梦想的人的深切诤言。对我的启发是，所有的梦想都不能纸上谈兵，要能够通过创新的格局，努力去落实完成，这样的梦想才有真正的意义。

这栋建筑外观极为庄严古老，里面却有设备完善又宽敞的演讲厅，并以英国理论物理学家保罗·狄拉克（Paul A.M. Dirac）命名，他堪称现代物理量子力学的重要奠基者。大厅旁的阶梯可以直通顶楼，也是研讨会漫长过程中暂时喘息的交谊厅，这里的视野有如月历上的风景图片，广袤绵延，连巅起伏让人陶醉。我想起那传说的海中吟哦，一如缥缈仙迹，幻化成眼前的山水。这绝对是一处可以云游物外的天涯海角。

除了美景招待之外，大会贴心地在这里准备茶水与点心，供参与的学员教授们享用。在这个科学家聚会的重要基地，我注意到墙壁四周挂满了世界顶级的科学家们对科学提出的思索与期待。其中唯一的中文，就是丁肇中博士所写的："自然科学的发展是世界上各国科学家共同努力的结果。科学发展的成就应该为满足人类的知识和幸福，不应该用来消灭人类。"

噪音无疑是科技带来的产物。然而，我今天所面对的科学家们，都尝试应用不一样的科学方法，去解决关于海底噪音的议题，不仅为了满足人类的知识与幸福，还有其他生灵的幸福。我真的相信，科学家心中要始终秉持着“慈悲”，永远不能只想自己，而是凭借自己的研究与发现，让世界变得更加美好。

这真是一个美妙的空间，因为科学在这里已经不是冷冰冰的学问，而是充满温暖的人文风采与浓厚哲学反思的交互回响。我很庆幸能亲身感受这一切，也对同意让我以非科学家身份来参与盛会的帕文（Gianni Pavan）教授充满感激。

在休息片刻中，我终于找到机会主动去跟帕文教授打招呼，并跟他预约访问时间。其实，我在网站上已经找到帕文教授学术研究的背景，了解他从 1980 年代之后就开始研究生物声音，最早是鸟音的录音，后来不仅关注森林原野的自然声景，还扩展到海洋生态的保护，帕文通过水下麦克风的录音技术，探究海底哺乳动物的声音辨识、族群量、迁徙路线……当然，他也注意到各种人为噪音对这些海洋生物的冲击。

跨界，从遥远太空到深海鲸鱼

帕文目前除了在帕维亚大学（Pavia University）教授生物声学外，也担任意大利生物声学与环境研究中心（Centro Interdisciplinare di Bioacustica e Ricerche Ambientali，简称 CIBRA）的执行长，这个组织在 1989 年成立了海洋生物声学实验室，帕文的焦点是鲸豚的调查工作，就在有一次他来到西西里岛上，遇到了瑞可班尼（Giorgio Riccobene），他是意大利国家核物理研究所的粒子物理学家，希望证明水下麦克风能用来侦测来自遥远太空的微中子，而帕文正好可以帮他处理录音内容里的噪音。

瑞可班尼的团队在意大利西西里岛东部卡塔尼亚（Catania）外二十八公里的地中海底下，水深三千五百公尺的海域，装设数千个光学侦测器，希望在微中子偶尔与水分子反应时，能捕捉其中的讯号，并借此掌握远方超新星形成等珍贵资料，但是这些大量声波档案中，瑞可班尼必须知道哪些是海底真正的声音，因此海洋生物声学家与天文物理学家开始共同合作，将这套原本为天文物理研究所设置的水下侦测系统，运用来协助帕文进行深海鲸类的调查。

海底绝对不是我们所想象的那么寂静。从 2005 年开始，瑞可班尼的团队在测试点安装了四架高感度水下麦克风，并用光纤电缆将信息传回码头边的硬盘，很快他们便开始获得数据，帕文能听见海底许多噪音，多数来自水流与船舶运行，包括大型船只的涡轮、声呐音波，还有爆炸声，但他特别注意到一种短促而规律重复的声响，那是抹香鲸的呼吸系统挤压空气时的特殊声音。帕文认为，抹香鲸借此来估计海深与猎物之间的距离，如同蝙蝠使用回音定位一样。

在 2005 至 2006 年的研究期间，这套系统对于研究抹香鲸族群迁徙与对环境噪音的反应有非常大的帮助，但是却没有真正掌握到微中子的讯号，这也显示出海洋声学的调查需要更长尺度的资料才能真正判读。这样的研究机缘与背景，促成了这次 2013 年 10 月于意大利埃利契召开的水下声学研讨会，世界各地的海洋生物声学家与天文物理学家齐聚于此，分享彼此研究的成果。

帕文把这一切来龙去脉跟我做了非常清楚的说明，他说，真的很高兴看到我来，因为能让更多人了解这些研究的趋势与成果，尤其是阅读中文的读者。但是我也在想，中国台湾的科学家有可能进行这样的合作吗？如果要让研究更具有前瞻性与影响力，不同领域的跨界资源整合是非常必要的。

倾听，面对海底噪音的冲击

我很好奇帕文当初为什么会以声音来研究自然，帕文用着他温柔的意大利腔调说，他的父亲是昆虫学家，从小耳濡目染，因此帕文的志愿就是要做跟自然保护有关的工作。不过他对音乐也很感兴趣，特别是音响工程，十八岁开始玩录音，大学时原本想学电机工程，但是在父亲的影响下，他还是走向自然生态学领域。而懂工程又懂生态的双重背景，让他能在生物声学领域中一展才华。

这几天的研讨会，我看到帕文忙进忙出，真的很佩服他能搞定如此规模的国际研讨会议。我相信，每个人心中都充满能量，因为在彼此身上找到了不同的力量。许多学者分享的研究内容，都带给我很多的触动与感想，毕竟这是一个全世界科学家聚集的场合，在很短的时间内就能掌握到国际的脉动与趋势，我真的希望把一切信息带回中国台湾，让我们在倾听海洋的声音时，有更多层面的理解与追求。毕竟海底的噪音可比陆地上噪音的扩散更国际化，影响无远弗届，所有的声息与转变早在千里之外进行演绎着，这样的冲击我们不能不去面对。

晚上与两位欧洲学者一起用餐后，回到住宿的修道院，又是轮到吉欧凡尼在守门房，我想到他今天在邮局帮我忙，特别把一个从中国台湾带来的小礼物送给了他，吉欧凡尼感动万分。离开的那天，我发现他还把我的英文名字写在手掌上，我请法国学者代为转达："我会怀念埃利契的风声、钟声，以及这里的一切，谢谢他这几天的照顾。"结果吉欧凡尼向前给我一个大大的拥抱，并且用力亲吻我的脸颊，让我体验西西里毫无保留的热情，我不知道自己是否满脸通红，就在拿着行李推开大木门，几步之遥后回头一看，吉欧凡尼仍然站在门边，通过那双深邃眼睛对我告别。

我忽然想起了那首唐诗："回眸青碧将秋远，共我林深听寂寥。"

原来我只是想要来此追寻寂静，没想到却带回更多动人的回响。

CAFFE' PASTICCERI
Michele

€ 15
SICILIA

海底冰宫的聆听经验，超越了我们人类在陆地上的所有感官记忆，那些模糊又悠远的歌吟，竟是来自海豹、杀人鲸，还有世界体型最大的动物——蓝鲸之歌？

西西里岛的研讨会，虽然是关于水中声学的主题，也结合了微中子的讨论，这群物理学家所报告的内容，对我来说简直是鸭子听雷。于是，我跷过一些艰涩的题目，利用短暂的时间来了解这座从公元前八世纪就已经有人居住的古城。置身在神庙、寺院、古老城郭环绕的锈色斑驳中，我却被五颜六色的甜点铺所吸引，这里有许多老字号的店家，把当地的杏仁甜糕做成了各种鲜艳水果造型，令人垂涎，但是只要吃一口，保证甜腻的程度让你没齿难忘，难怪意大利人爱喝 Espresso（浓缩咖啡），那种浓郁的苦烈跟这玩意儿简直是绝配。

放风途中的相遇与结缘

我在古城的街道上随兴穿梭，黎明前的阴森氛围，似乎都被阳光蒸发于无形，四处台阶与墙壁上摆放着各种美丽的瓷器、陶器，不论颜色、造型都让我爱不释手，我正停下脚步欣赏那个以蛇发女妖美杜莎（Medusa）头颅向外辐射三条腿的诡异彩盘时，发现小店里有我认识的身影。

两个金发小女孩一前一后，也在这里探头探脑展开她们的冒险。她们是德国海洋声学学者拉尔斯·金德尔曼（Lars Kindermann）博士的女儿。研讨会第一天，我就注意到这对可爱的姊妹花。在一堆科学家当中，小女孩总是神色自若地坐在父亲身边，我还好奇她们怎么耐得住性子，愿意乖乖聆听这些正经八百的报告，果然她们跟我一样，终于受不了了，偷溜出来放风。

我向她们招手，姐姐柔依（Zoe）也开心地对我挥手致意，这位十二岁的德国女孩，长得聪明标致，能说几句英文，她甚至会在休息的场合出一些题目来考这群脑神经发达的科学家，并统计这群人比较善于用左脑还是右脑思考。而总是黏着姐姐的七岁妹妹瑞卡达（Recada），只会说德文。她们对我也很好奇，问我是不是日本人？由于父亲曾在日本工作，她们似乎对日本比较熟悉。我说我是中国台湾人，为了让她们更记得我，我送她们一人一枝上面印着“Taiwan”图案的木纹原子笔。她们收到这份惊喜小礼后，对我更加亲切。没想到因为孩子的关系，让我有机会贴近认识她们的父亲，更深入了解金德尔曼博士的研究内容。

金德尔曼博士是物理学家，曾经把数学物理的专业，运用在脑神经科学的领域，但是走进海洋声学，则是在进入德国重量级的研究单位——阿尔弗雷德·魏格纳研究中心（Alfred Wegener Institute，简称 AWI）之后才正式开始，AWI 是专门针对南北极地与海洋研究的机构，以阿尔弗雷德·魏格纳（Alfred Wegener, 1880—1930）为名，向这位杰出的德国地质学家、天文学家、气象学家致敬。

海洋声学家的另类亲子假期

魏格纳是一位充满传奇色彩的科学家，也是大陆漂移学说（Continental Drift）的提出者。这个学说指出了盘古开天时地球上只有一个大陆块，后来才分裂成今天七大块的理论。当初这个假说撼动了地质学界长久以来所认为的“大陆长久以来并无改变”的论述，而引起许多争议，1930 年他在格陵兰岛冰原上，继续为他的理论寻找证据时，不幸发生意外而身亡。在他死后三十年，科学家终于证明他的理论是对的，世人因此对他更加敬重。

事实上，极地观测与海洋研究对于地球环境的整体了解，具有关键性的地位。AWI 的研究经费主要是由德国联邦教育与研究部（Federal Ministry of Education and Research）支持，这个部门就像是我们之前的“国科会”，也就是现在的“科技部”。可以说，AWI 这个机构简直是科学家的梦工厂，光是设备就让人赞叹不已，大型破冰研究船、极地与海底实验室、数个极地研究站、海底潜水组、极地飞机……可以支持科学家研究上的所有需要，并在世界上持续扮演着领导性的角色。

研讨会中，我必须掌握所有能跟这些国际大学者聊天学习的机会，用餐时间无疑是最合适的。修道院柠檬树旁的小餐厅，清晨都会供应学员热咖啡、面包、水果。某天早餐，我拿了一杯咖啡，刻意晃到金德尔曼博士家那桌跟他们聊天，金德尔曼讲起话来轻声细语，他看孩子跟我混得热络，也对我非常亲切，他把个人的笔记本电脑打开，立刻联网跟我介绍他的工作单位，同时也让我欣赏这几天在西西里游历的精彩写真。

金德尔曼博士显然是一个非常爱家爱孩子的好爸爸，他受到帕文教授的邀请来此演讲，跟许多德国人一样，工作中不忘经营家庭生活，他特别帮孩子请了两个礼拜的假，在研讨会还没开始前，就已经带着孩子游遍了整座西西里岛，给彼此一次难忘的亲子假期。

我不确定金德尔曼平常有没有时间陪伴孩子，因为他的研究地点可是远在南极。从演讲中，我了解他正投身于一个聆听南极海底的计划，称作 PALAO（Perennial Acoustic Observatory in the Antarctic Ocean），即“南极海洋长年声学观测”，这个计划光从名字推敲，就带着强烈的浪漫色彩，谁能想象，在那样冰天雪地的世界边境，究竟隐藏了多少不为人知的神秘声响？

穿透冰层、来自深海的动物呼唤

很有趣的是，PALAO 在夏威夷土著的用语里，指的正是鲸鱼。金德尔曼播放了几段冰原中的水下麦克风所录到的声音，全场屏息倾听，对我来说那简直有如侦测到外层空间某遥远星球的诡异语汇，海底冰宫的聆听经验，超越了我们人类在陆地上的所有感官记忆，难怪古代人会有各种关于水妖的想象，谁有机会去清楚辨识出，那些模糊又悠远的歌吟，穿透在冰层下的传诵回响，其实是来自各种海豹、杀人鲸，还有世界上体型最大的动物——蓝鲸之歌？

其中不论是威德尔海豹（Weddell seal）或是罗斯海豹（Ross seal）

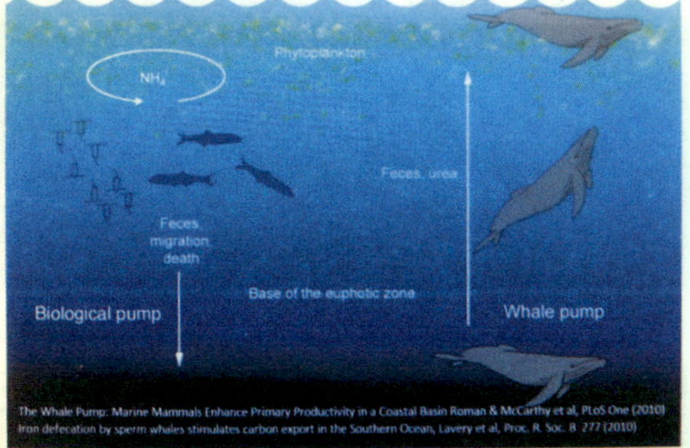

1 金德尔曼博士一家合照。

2 金德尔曼博士的报告，让我看到南极科学研究的现场。

3 金德尔曼博士在研讨会上提出的报告档案。

1 两位陪着父亲与会的孩子身影，特别吸引我的注意。

2 修道院中的交谊厅，是我认识世界科学家的据点。

1
—
2

在水底下发出的声音，都让我觉得很像是某种电子合成器所发出的音效，甚至让我联想到霹雳布袋戏主角现身的背景配乐，我相信这样的声音，应该是配合海底环境所演化出来的传送模式，以协助它们进行各种社会性活动。而在深海中潜游的庞然巨物——蓝鲸，在漫长旅程中所发出的孤独呼唤声，也被记录其中。它们的声音大概都在 15 ~ 20 赫兹（Hz）的低频范围，并可发出长达 10 ~ 30 秒的声音，远远地送给在天涯彼岸巡航的另一个体。而撷取收录这些声音的地点，则是德国于 1992 年在南极洲上设立的诺伊迈尔三号研究站（Neumayer Station），2005 年金德尔曼的团队把水下麦克风架设在一百公尺以下的冰层中，可以一天二十四小时，全年无休地记录海底世界的所有动静。

除了动物的声音之外，我们还听到令人震撼的冰山巨响，有山崩地裂的、倾倒坠落的、挤压撞击的……仿佛有股巨大的力量正在那看不见的冰层下持续运行，那绝对是寂静又危机四伏的世界，蛰伏在大冰山下变化莫测的情绪，正通过声音上演着自己的脚本。

对科学家来说，聆听这样的秘境，绝对有着美学以外更多的意义。金德尔曼说，生物声学的研究，对于海中哺乳动物族群量的消长，以及过去记录阙如的生物，都能提供更多的线索，比如南极小须鲸的叫声于 2013 年被辨识出来后，就可通过声音记录对这种鲸鱼有更多的了解。这些水下传来的信息，会通过卫星传回德国 AWI 总部，也会放在网络上供推广社会教育之用。

这声音一上了网，许多德国人被这些远在南极海底的海洋生物声音所震慑。一连串精彩的艺术创作能量，由此展开。

当科学音律化身为艺术缪思……

其中一项是水下歌剧的演出，表演艺术团体在柏林新克尔恩区内一座古老的游泳池里，将金德尔曼在南极水下所收录的神秘声景，结合了舞者一身有如鱼鳍或是水妖的装扮在水中穿梭漫游，偶尔来段咏叹调的吟唱，整体情境与气氛都相当前卫，充满了实验精神，宛如蛇发女妖泅泳在冰宫中的惊悚旖旎。原来，通过这样独特的音律，可以刺激艺术家的想象，完成如此风情万种的作品。

另一个结合的例子，则是在公共造景上。2010年在德国的埃森湖上，有一项以能源与永续为主题，称作“鲁尔环礁”的策展——湖面上设计了四座人工小岛，民众可借水上脚踏车登岛拜访。其中一个岛展示水力发电；另一个称作“茶室与青蛙”的作品，主题是温室栽种；另外还有一个造型像是潜艇的小岛，则是关于太阳能源的主题；而金德尔曼参与设计的，是做成冰山的小岛，里面放置了南极的水下声景，让游客身临其境，感受南极环境，并关切气候变迁的议题。这让我想起我们的绿色博览会，但是他们这次的策展更着重于把艺术家的创意与科学家的研究展现出来，为这样的公共艺术增添更多人文色彩。

艺术与科学的结合，金德尔曼向我做了最好的示范。他说，科学家取用国家很多资源，才能专注做好研究的工作，所以这些努力的成果最后还是要回馈给社会，并参与教育，才能让自己的研究内容对世界带来更多贡献，这是科学家的使命，也是义务。

金德尔曼让来自海底的歌声，在世界许多角落被聆听，并激发创意。什么时候，我们在大自然中录到的蛙鸣鸟语，在中国台湾海峡与黑潮中所录到各种鲸豚魅语，也能登上音乐厅，成为创作者发想的主旋律？什么时候，腹斑树蛙跟薮鸟的节奏也能走入童谣，让孩子朗朗上口？我深深盼望着。

大和音之景

我内心深受感动，仿佛过去十多年来在台湾地区山林野地录音的经验，就是注定要在这里与大庭照代相遇，并且分享她退休前生命中最重要的一次特展。

我把许愿石放在随身背包里，让这趟旅行不那么孤单。比起去意大利西西里岛，接下来的一切我得靠自己打点，所以必须让行李更为简单。出发前我写信给戈登·汉普顿，告知他石头会跟我一起去日本。戈登回信："谁能想象它们的旅程居然这么广！"是啊，有谁能预料到这一切呢？若不是因为严宏洋老师的一封信，我大概也无缘成行，他写着："我的好友大庭照代，将于11月在日本千叶的中央博物馆举办'音之风景'特展，我觉得你应该去看看。"好一句"应该"，坚定了我的意志。仿佛要去日本一趟，是如此理所当然。

我主动写信给大庭博士，请她保留时间接受我的专访，并协助安排与日本声景协会的其他成员见面。大庭在百忙中答应拨出一天来接待我，也让我有机会去筑波认识大谷英儿博士，以及去东京涩谷的青山学院大学与鸟越惠子教授会面。

人物、时间与地点都已确定，下一步就是想办法把自己弄到那里。飞机在成田机场落地后，我动身前往第一个目的地，先搭车到千叶站，那是我往后几天的重要基地，网络上写着我的旅馆离车站走路只需三分钟。虽然经常出差，但是距离上次来日本已经有十年以上的时间，原本保留的旧日币早就不能流通，加上这次是独自一人旅行，又没熟人帮忙，总觉得心中有些忐忑。

从东京到千叶的惊喜邂逅

几番询问，终于转到可以买总武线车票的自动贩卖机前，我抬头看着有如蜘蛛网般的地铁图，好不容易找到“千叶”二字。旁边写着六百五十元，我身上最小的钞票面额是一千元，再看看屏幕，糟糕，是日文。就在这时，一位年轻男孩正在购票，我向他求救，问去千叶该怎么买票?

男孩看了我一眼，没回答，却自顾自地用手上的硬币投了起来，我看他买了一张票，正想把钱交给这位好心男子时，他居然一把提起我的行李往前冲，我下意识劈头狂追！前方楼梯有如向下悬崖，就见他身手灵敏地蹬步冲刺，然后跃上一节车厢，我没命地追赶，终于在车门关闭前最后一秒跟进。

我气喘吁吁，瘫坐在椅子上与他对峙，当下的念头是，这个日本人怎么这么猛啊？一方惊魂未定，这方才不疾不徐地说明缘由，他刚好也要去千叶，原本就要搭此班车，先前时间紧迫无暇解释，因为下班车得等上四十分钟，只好先做再说。

我连忙向他致谢，把行李拉回跟前，他注意到我贴着一张“让路给紫斑蝶”的黄色标签，他问：“你会说中文吗？”我赶紧回答：“会，我来自中国台湾。”接着，我们就开始用中文交谈。这趟四十分钟的车程，足够我们探彼此的底，原来男孩是来自中国辽宁沈阳市的留学生，叫做王冰。在机场打工刚下班，就这样搭救了我。我很庆幸旅行一开始就遇见贵人，所有的不安顿然全消。王冰是个非常亲切可爱的大男孩，在日本学的是企业管理，曾经跟同学来中国台湾旅行，对中国台湾小黑蚊的威力印象深刻。他要从千叶站转车回学校，到站后还非常好心地帮我查了走到旅馆的路线图，让我不至于迷路。

不过到达千叶站的第一个印象，居然是听见了车站内非常清楚的鸟叫声。我四处寻找，还问身边的王冰：“你听见鸟叫声了吗？”王冰显然第一次注意这件事，他有点不确定地回应着：“可能是附近的鸟吧。”“但是它们在哪里呢？”我四处张望观察，人群匆匆，空洞的钢架间没见到半只鸟，但是那样的鸣声如此笃定清晰，肯定是一种人为的背景音乐，只是不懂它代表了什么意义，难道是对旅客的某种提醒吗？🎧[9]

偌大的月台上，似乎只有我一个人驻足聆听，我热切想要寻找答案。有的时候我们得脱离熟悉的环境，才会发现原来每个人都活在一个被控制的声景中，只是我们从未察觉。对于这样的声音我充满好奇，到底它是一种独特的创意，还是某种贴心的巧思？我想这几天我有机会弄个明白。

1
2

1 我在车站热切寻找鸟音，但似乎没有人在意那样的声响。

2 夜色中下班的人群。

紧张步调中的悠扬鸟鸣

我跟大庭博士约好周二上午九点见面，提早一天傍晚抵达的我，住的是一间日本连锁的商务旅馆，房间设施简单，从窗户看出去，刚好正对着一家补习班，整片落地窗内坐满了穿着黑色立领制服的高中生，老师在台上滔滔解惑，黑板上写得密密麻麻，这景象简直是回到台北的南阳街。

附近商社的上班族已经陆续下班，有人似乎归心似箭，有人三五成群相约觅食喝酒。在霓虹灯海中，我晃到一间专卖荞麦面的日式快餐店，玻璃橱窗内摆了多种套餐模型，有豚肉的、炸虾的、海藻天妇罗……上面都有编号，看中意的，就在旁边的贩卖机按钮选餐交钱。机器吐出取货单后，只要走进柜台领取你的荞麦面，找个角落解决。所以没有一个人需要说一句话，店里虽然坐满了人，却唯独听到一个旋律：吸面声。

这样的简约设计，符合了现代人的需要。在一个充满竞争与时间压力的世界中，有些非做不可的事情，就让它越方便简单越好。当然，从某些层面来看，这也是全球化的结果。

但是日本人毕竟是比较体贴细心的民族，他们似乎特别懂得如何让在都市打拼的人，有一些喘息的空间。除了设计出便利的电器产品外，“声音”，也是他们懂得去掌握的元素，这一点，在我投宿的旅馆中就可以发现。

第二天我起得很早，虽然已经把公交车路线研究清楚，但是为了不失礼，我预留更多的时间来准备。当我走出房间准备下楼，就在那一刻，又听见了鸟叫声，没有音乐，没有空调声，只有悠扬鸟鸣，让你仿佛走入绿光森林。当然，这又是一个精心的安排，走廊上拖着行李的旅客，大多西装笔挺，跟昨天荞麦面店中的顾客一样安静，大家都在聆听着，鸟音陪着旅者走进电梯，然后送到一楼大厅，至少对我来说，这是一天非常美好的序曲，即便它是来自某种罐头音效，但确实可以带来平静，对这群等着上工的人来说尤其需要。

我终于在预定的时间之前到达博物馆，时至深秋，这附近的树林由黄转红，景色嫣然，脱离了火车站附近的商圈氛围，还可清楚听见林中传来乌鸦粗哑的声波。我把石头们取出，以博物馆为背景，拍摄一张“到此一游”的打卡照片。入口处即可见到“音之风景特展”的大型广告牌，黄色海报上，有只猫头鹰立在其中，很像我看过的黄鱼鸮，显然是这次活动的代言者，网站上处处可以看到它的身影。其实猫头鹰也正是引领策展人——大庭照代走入自然声景最关键的生物。

因为听到了褐林鸮的召唤……

走入安静的大厅，我想我应该是今天第一位上门的游客。中央博物馆的英文名字其实是自然史博物馆（Natural History Museum and Institute, Chiba），以自然与环境展示为主，于 1989 年开幕，外观有如我们的自然科学博物馆。附近还有一大片生态园（Ecology Park），以及野鸟观察站，整体充满了自然的气息。

大庭博士神情愉快地迎向我，在伦敦拿到博士学位的她，能说一口流利的英文。她先带我去跟馆长崛田弘文见面后，就引我来到一个接待室，让我们有机会好好对话。

我问大庭什么时候开始对大自然的声音产生兴趣？她说，“我从小就对声音很着迷，我的家乡在神奈川县的逗子市，那里靠海，我每晚都在浪声中入睡，印象中我家旁边有间宠物店，养了很多鸟，当中甚至包括一只孔雀，它总是发出很奇特的叫声，所以一直到十二岁之前，我都是在这样的声景中成长”。

这样的音律启蒙了大庭。然而，对自然的喜欢，应该是在十九岁的那年，原本同学约她去观察飞鼠，但是那次的月夜，她听到了一种猫头鹰的鸣叫声，仿佛是种神秘的召唤。之后每年春夏时节，大庭都会到森林里观察这种褐林鸮（Brown Wood Owl）的声音。在英国念书时，她原本想以知更鸟（Robin）的叫声来进行动物行为的研究，但是时值12月，这种鸟已经不唱歌了，于是改为研究猫头鹰。拿到博士学位后，大庭来到中央博物馆投身环境教育的工作，并且也通过声音来设计环境教育的教案，这次的展览，我不仅可以看到大庭过去四十年野地录音的心路历程，也包括了日本历史上著名的野地录音师的生平背景，还有生物声学的研究内涵，以及通过声音风景来进行环境监测与教育的具体成果，并另辟一室呈现了日本声景协会（Soundscape Association of Japan）创立以来二十年的重要回顾。

我内心深受感动，仿佛过去十多年来在台湾地区山林野地录音的经验，就是注定要在这里与大庭相遇，并且分享她退休前生命中最重要的一次特展。

追索过去，面向未来的声之特展

接着，大庭帮我进行展场导览，入口“千叶之音的今昔比对”已经让我惊艳。一看录音师的大名：蒲谷鹤彦，这不就是那位当年曾经来到阿里山录火车声的录音师吗？我终于可以看到本尊的模样，1926 年于东京新宿出生的蒲谷，从 1951 年，也就是他二十五岁时开始进行野地录音，当时他帮日本文化广播电台提供每日五分钟“清晨之鸟”节目播送，这个节目居然长达五十年。我不禁想到我在教育电台制作“自然笔记”时大约三十岁出头，这节目能撑到我八十岁吗？

蒲谷鹤彦后来于 2007 年病逝，享年八十一岁，他所有的录音都由中央博物馆收藏，大庭也带我去参观他们层层严密保护的库藏区，这位录音师一辈子聆听的自然音律受到永久的珍藏，成为日本重要的文化资产。那样的精神也留存在每一位野地聆听者的心中，成了不朽的旋律。

除了蒲谷鹤彦这位大师之外，我还注意到一位录音师：小山勇，大庭说小山先生今年才过世，原本的工作是出租车司机，因为生了一场大病而走进自然，他认为聆听天籁治好了他的病，所以一直都在记录各种大自然的声音。而小山所记录的一种莺亚科的鸟叫声，至今仍持续在“莺谷”车站里播放。听到这里，我立刻想起了千叶站的鸟叫声，我问大庭为什么日本车站都会播放鸟叫声？“或许是他们相信鸟叫声可以让人放松吧？”大庭淡淡地回答，显然有所保留。我继续追问：“可是你不喜欢吗？”“我不希望人们因为听到这样的鸟叫声就满足了，而不愿去自然中聆听真正的声音。”大庭继续解释：“况且在公共区域中播放这些鸟叫声是很奇怪的，因为季节跟物种都不属于这个环境。”

企画展

音の風景

～うつりゆく自然と環境を未来に伝える～

平成25年 10月5日(土)～12月1日(日)

休館日 ●毎週月曜日（ただし、10/14、11/4は開館）・10/15・11/5

開館時間 ●9:00～16:30（入館は16:00まで）

共催：日本サウンドスケープ協会

千葉県立

NATURAL HISTORY MUS

1

2

3

1 中央博物馆是座自然史博物馆。

2 “音之风景”海报，可见代言者猫头鹰的身影。

3 “音之风景”策展人大庭照代博士。

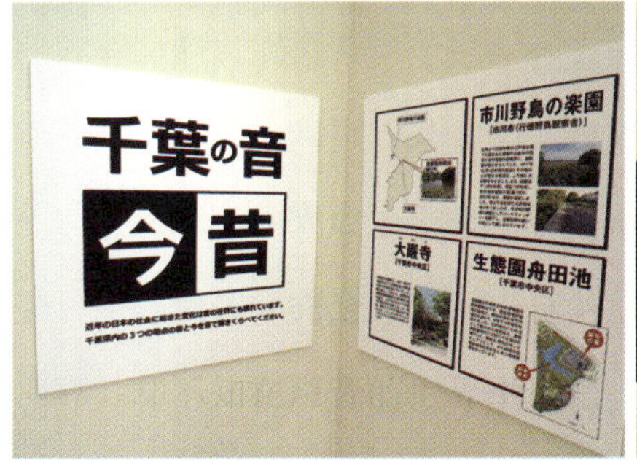

1	2
3	4

1 孩子学习如何录音。

2 录音器材的展示。

3 千叶今昔声景、地景的对照。

4 日本著名野地录音师蒲谷鹤彦（左）。

大庭果然是一位懂生态、懂环境的学者，她比一般人有着更深度的思考。我注意到“音之风景”的展览中选择了三个主要地点，包括市川东京湾的湿地、大岩寺、生态园的池塘，采用了蒲谷在1955年的录音，比对2013年的录音，再配合差距将近六十年的照片，这样的声景对照不正是我一直希望做的事吗？之前，我找到了在1997年于台北市承德路七段大同电子前赏鸟路线的录音内容，比对了2013年我重回旧地所录到的声音，两相对照下恍如隔世，尽管只有十七年的差距——身为录音师，我从日本的展示中获得莫大的鼓舞。

特展中也呈现了人类录音器材的历史，从1877年爱迪生发明留声机，用蜡管录下声音开始，人类的录音方式从磁带到现代的数字记录，有如一门科技演进的考古史。我自己用的录音器材——从Sony卡带机到HHB MD，再到现在Sound Device的CF卡数字录音机——也参与了时代的改变，我不禁揣想，或许有一天，我的录音机也会成为博物馆的收藏。

此外，展览也针对日本古典文学，来探讨日本人与自然声景的文化关联。比如《源氏物语》中的铃虫章节，谈到源氏与三公主在皎白月色下聆赏铃虫音律的情节。其实，中国古诗词中也不乏赏析自然声景的情趣，比如“留得残荷听雨声”，或是元曲中“砧声止，蛩声切，静寥寥门掩清秋夜”。这番由动到静的情韵，从古至今，仍让人玩味再三。

而我对大庭多年来通过声音进行感官教育，甚至带着孩子以录音记录来聆听自然声景的做法，特别感兴趣。不过大庭表示，这些器材的零件后来厂商都不出了，各种录音设备不断推陈出新，博物馆能提供的资源有限，但是有些孩子经过适度的引导，成为非常厉害的声景记录高手，不但在物种辨识度上功力惊人，还会设计不同的主题来进行环境研究，展现高度的热情与动机，这也带给我非常多的启发。

接着，我转到另一个展场，“日本声景协会二十周年展”。一开始，注意到海报上引用谢弗对于声景的诠释，以及讨论噪音对环境的冲击与伤害，我就知道来对了地方。在呈现协会过去多年来所推动的活动中，我对其中几个主题产生兴趣，一是如何以声景的概念来串联声音与历史的记忆，特别是通过日本庭园来设计，这是一个很有趣的想法与实践。另外，我也发现，原来“声景”研究，不但可以了解环境的转变，甚至能协助修复环境。所以日本声景协会在福岛核灾事件后，进入灾区进行定点追踪与研究，其中两位重要人物也是我此行拜访的学者，大庭提醒我，明天你就可以去筑波找大谷先生，他会告诉你更多故事。

这趟旅行究竟会走向什么样的声音风景？明明都是我从来没有参与过的事件，为何有一种强烈的熟悉感？我知道，有一种共同的声音在其中回荡，一种细致的情感相互牵连。原来寻着声音的线索，我不但可以听见“过去”，也能听见“未来”。

贰·越境寻声

倾听大地耳语

这歌不论如何荡气回肠，深情款款，终究只唱给它的对象听。身为人类，只能像电影《阿凡达》中的情节，学习去理解这些异族的语言……

来日本的这几天，运气很好，都遇上了晴天。北国凉爽的秋日，带着一种舒缓的气息，尽管今天我得转三班车才能从千叶到筑波去拜访大谷英儿博士，要在复杂的地铁系统中找对方向，我必须非常专注地为自己定位。就像有几次在森林中录音时，我也不断提醒自己，千万不要一失神就迷路了。此刻心情，正如大谷写给我的信的最后那句话：“希望我们能见得上面。”

筑波市在关东平原上，东京东北方约五十公里处。还好来到此地，一切不如我想象得那么困难，我准时赴约。大谷已经在地铁站出口等我，从电话中的语气听来，他应该是一个成熟稳重的学者。我向四处搜寻，终于找到留着平头戴着墨镜的大谷博士，我赶紧向前致意，感谢他愿意接受我的采访。初次见面，直觉这位昆虫学家有种硬汉的内敛气质，非常适合扮演警探之类的角色……大谷很快打断了我的想象，他酷酷地说：“先上车吧。”

来自东北的硬汉昆虫学家

当初大谷博士是在一场学术研讨会中认识了大庭照代博士，因为对昆虫声学的研究与关注，在大庭的邀请下，加入“日本声景协会”，协会中的成员有科学家、音乐家，还有各种对倾听声音怀抱热情与艺术鉴赏能力的专业人士，他们通过彼此经验的交流与激荡，找到了共同努力的动力，并且在各自的领域中继续拓展聆听的创意版图。

大谷目前任职于森林总合研究所的昆虫生理实验室。这个单位就像是我们中国台湾的林业试验所，主要任务为森林资源保护与研究工作。大谷研究的对象是针对经济木材造成危害的昆虫，而他所使用的研究方法，是通过声学来了解动物声音传播与行为之间的关系。除此之外，我知道他也通过昆虫声音数据的建置，来掌握一些外来种入侵的范围，这些主题都十分吸引我。

大谷一边握着方向盘，一边缓缓地说：“我太太是书法家，我曾经陪她去中国台湾的“故宫博物院”欣赏书法。”这是大谷对中国台湾的初体验，可惜那次他们仅在台北待了三天，没机会去其他地方好好认识台湾中国。不过，我相信今天自己的出现，会有机会让他对中国台湾有不同的理解。

我以为会去大谷的研究室，但或许是为了把握时间，他开车带我到附近的星巴克，找了一个角落坐下。圣诞节即将来临，店里的布置十分温馨雅致，大谷的神情仍有些严肃，一如我印象中做事严谨的日本学者

带着东北硬汉气质的大谷英儿博士，凭借昆虫声音资料的建置，掌握外来种的踪迹。

形象，不过，后来才知道大谷是来自东北地方岩手县的盛冈市。比起日本的近畿人，东北人的个性本来就比较朴实坚毅，沉默寡言，但是非常团结，最具代表的就是电视剧中的阿信，她的故乡即设定在同属东北的山形县，据说这种特质在福岛核灾之后，充分展现在世人眼前。

靠听功与暗处的敌方周旋

大谷拿出预备好的数据，并且打开计算机开始介绍他的研究领域——害虫的声音监测。所谓的害虫，当然是从人类的角度来看，对于那些会在人类需要的良材上挖隧道的，或是偏爱品尝人类农产品的昆虫，都有可能被列入黑名单，但要如何了解躲在暗处的敌方，有些防疫专家选择用“听功”来突破。过去我曾听过有昆虫学家会用听诊器来诊断植物病情。但是随着科技进步，人类不再依赖自己的听力，而是通过计算机，甚至精密的扫描式电子显微镜来协助观察。

有关害虫声音监测的技术，早在1970年代的后期，中国国内的学者就懂得利用声频探测仪来防治白蚁。不过这类研究，最难克服的还是环境噪音的干扰。1990年之后，通过声探测定来研究农产品中的害虫，已受到普遍关注，大谷同时也在研究一些寄生在真菌类以及食用菇类中的甲虫，并细致地分析这些昆虫发声的生理结构，记录它们在交配、觅食、攻击防卫等不同阶段，所发出的各种声音讯号（insect acoustic signal）。

根据美国昆虫学家尤英（Ewing）的研究，昆虫声音具有三种功能：分别是召唤（calling）、攻击（aggression），以及领域宣示（courtship）。而制造声音的五种方式，分别是振动（vibration）、撞击（percussion）、点击机制（click mechanisms）、排气（air expulsion）、摩擦（stridulation）。光是看到这些分类就让我开了眼界，而且不同种类的昆虫会利用不同的身体结构来制造音响，比如直翅目、鳞翅目还有鞘翅目的昆虫，彼此的发声机制就有所不同，这些“昆虫语言”复杂到非我族类可以想象。

我们常说蟋蟀或是螽蟴是草地上的提琴手，后来发现，原来所有昆虫都会发声，这些声音讯号对昆虫来说，是对外沟通非常重要的工具。然而有些就像悄悄话般，只够彼此私密交流，并非都像骚蝉那种穿脑魔音，可以做长距离的宣示。

一般昆虫发声的器官，主要可以分成“摩擦发声器”与“鼓室发声器”。“摩擦发声器”是由音锉与刮器两部分组成。直翅目的昆虫以摩擦前翅发声，前翅的内侧上有一排坚硬的微细突起物，就是所谓的音锉，而翅膀边缘硬化的部分则为刮器。这一点，从大谷研究报告中所附的图像与照片，看得非常清楚，有趣的是，这些乐器随着音锉突起片的密疏，昆虫翅膀的厚薄、振动的快慢，就能演奏出不同的音调与节奏。而“鼓室发声器”则是同翅目蝉科昆虫主要的发音器，包括了鼓盖、鼓膜、鼓肌与气室。这些精巧的设计，全都完美集合在一只昆虫的身上，不过，这歌不论如何荡气回肠，深情款款，终究只唱给它的对象听。身为人类，只能像电影《阿凡达》中的情节，学习去理解这些异族的语言，才能知道如何控制它们。

揭开长小蠹虫的求偶三部曲

通过大谷的研究报告，我看到一种住在橡木，或是针叶林与阔叶林中常见的蛀虫，称为“长小蠹虫”（Platypus quercivorus）。他把这种小甲虫的行为与声音分成三部曲：首先，一只母的蠹虫走进蛀洞前会先发出“靠近之声”（approaching chirp）；接着，母虫会制造“交配前奏曲”（premating buzz），引导一只公虫出洞迎接；第三阶段，公虫会发出“前进蛀洞之声”（in-gallery chirp），一边退出洞来，让女士先行进入，才尾随跟进。

这样的剧情铺陈听起来合情合理，跟人类求欢过程大同小异，只是这些小生命浑然不觉，原来“隔墙有耳”。但是我很好奇，难道每只蠹虫在求偶过程中，都会发出一模一样的声音吗？大谷对我说，他们曾经把不会发声的母虫放在实验中观察，发现这些安静的母虫是不被公虫接受的，因此语言沟通对动物行为是非常重要的媒介，而且也有特定模式。大谷博士把这些个别声音录制下来，通过示波图与声谱图来呈现这段声音振幅与频率的基本数据，就像是为声音申请了身份证，作为后来辨识的重要依据。

聆声追踪外来入侵种

然而大谷不仅针对这些会造成人类经济损失的害虫进行研究，他也曾经通过蝉声的监测，来作为绿色廊道（green corridors）设置的评估指标。甚至也跟境外大学的电机学者合作，发展出一套自动辨识（Automated Identification）系统，来调查一些外来种入侵的问题。大谷拿出耳机，要我聆听几种不同的鸣虫声音，非常悦耳，像是野地中的蟋蟀与螽蟖组曲，接着他要我听一种声音，明显曲风激烈、声音洪亮。

大谷说，这种昆虫来自于中国，原本不应该出现在这样的声景中，

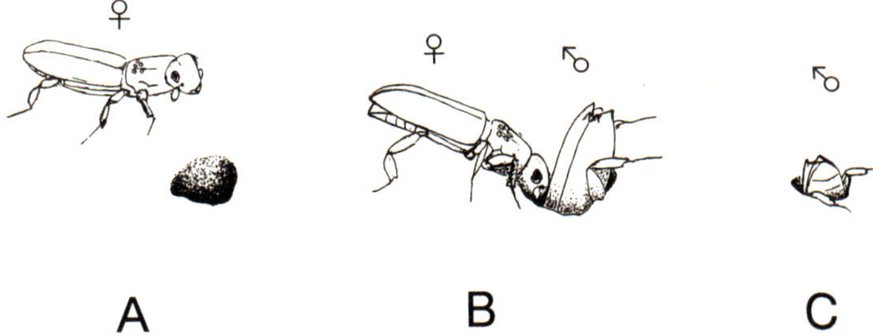

Fig. 2. Three sequential premating behaviors accompanying sounds in *Platypus quercivorus*. A: a female walking near the gallery hole with an "approaching chirp." B: a female producing a "premating buzz" which directs a male to back gradually out of the gallery. C: a male producing an "in-gallery chirp" with his posterior end remaining outside the hole after introducing the female into the gallery.

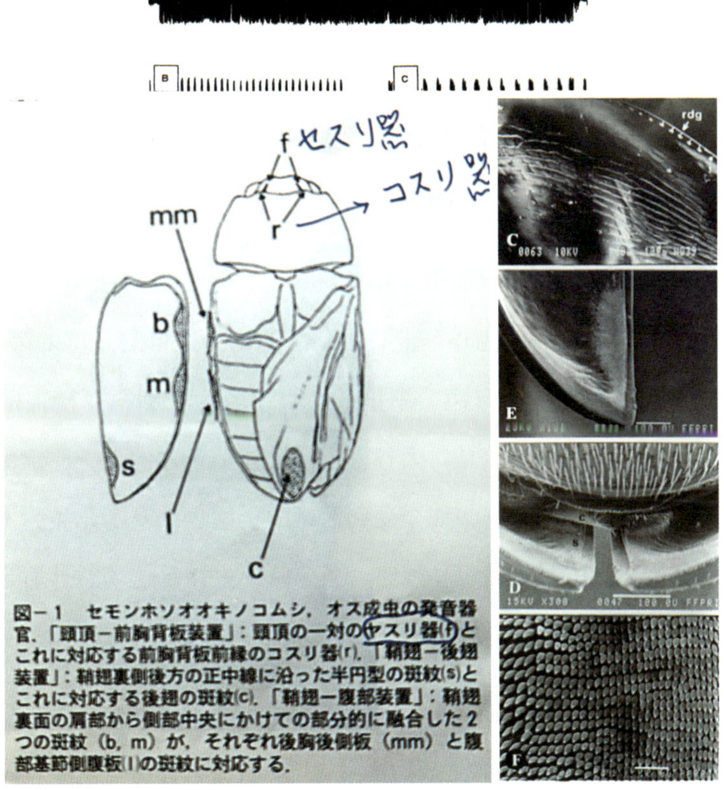

1 长小蠹虫的求偶三部曲。

2 昆虫发声器官的相关图解。

3 从显微摄影可清楚看见各种昆虫身上的“乐器”构造。

1
2 | 3

于是，他像是警探一样（啊，果然符合我的想象），开始建构这种生物的传播历史，以及扩散的区域与路线。大谷说，这些外来昆虫的影响，可以分成两种层面，一种是对人在文化上的感受，比如过去小时候听的声景，被这种声音强迫取代，其实会带来一种失落感；另外，昆虫本来就非常依赖声音来进行社会行为的沟通，如今来了一位超级大声公，每天大家都得听它强势的发言，生活难免受到影响，所以大谷最担心的还是它们对本土生物的冲击。

我想大谷可能没听过中国台湾骚蜇的声音，如果有机会让这些生物来个超级比一比，台湾地区有几种昆虫应该有机会夺冠。不知道这些生物是否也反映了当地的人类文化，至少比起日本人的轻声细语，我觉得中国人讲起话来还满大声的。🎧[10]

听了一早上的昆虫故事，咖啡杯也见底了。大谷决定尽地主之谊，带我好好认识筑波。他开车带我来到霞浦湖，这可是日本的第二大湖，简直让我以为来到了海边。湖里的鱼类，因为受到福岛核灾的辐射影响，禁止捕捉食用。但是对大谷来说，最让他难过的是，原本他最喜欢去森林采集美味的蕈菇，如今受到污染的土壤也波及了菇类，不过想到自己的年纪，三十年后也是死路一条，就不太在乎这场意外所带来的伤害，反而更练就出豁达的生命观。

我们登上湖畔的展望台，附近辽阔的田园景象一览无遗，还可远眺筑波山，双峰相连的优美山体，与富士山同列为日本名山。身旁的昆虫学家，摇身成为导游，由声景的倾听者跨界到地景的解说员。而一整天的相处，让我对这位有着温柔心肠的东北硬汉，有更贴近的认识。

关东平原上的一景一色，成为我心中难忘的旋律。

大谷说，其实自己的梦想很简单，他希望退休后，能回到北方的家乡，每天过着采菇泡汤，与大自然为伍的日子，他所有的话我都听在心里。我想告诉大谷博士的是，非常感谢他引领我来到关东平原上，聆听到大地的耳语，同时也让我欣赏到，一位日本学者所带给我的独特旋律。

※ 本文感谢林业试验所陆声山博士的协助与咨询

第59回定期演奏会

风中絮语

贰·越境寻声

事实上，所有音乐都不能抽离身处的文化与环境，而且深受自然的启发，比如虫鸣鸟叫，它们存在的时间远超过人类，都是属于世界最原始的乐章。

一定有一个力量带着我走，一定有。阳光穿透滚滚人潮，置身在另一个陌生街头的我很难追究这一切。如果这力量是出自我内心的声音，它又究竟从何而来？大部分的时候，我们侧耳倾听，全盘接收了这个世界的所有声响，也全盘拒绝了所有的讯息，特别是身处在噪音的世界里，如果你曾专注观察穿梭在繁忙街头的路人表情，基本上都是同一个模样，很多人挂上耳机，试图找回自主权，尽管那是非常伤害感官的做法。

当我学会认真聆听这个世界时，居然是通过我的麦克风与耳机，不论是我的指向性麦克风，或是我的立体麦克风，都帮我掌握到我从未注意过的细节，这是一个多么奇妙的过程。原来这些器材帮我聚焦，训练我成为一个更敏锐的聆听者。而我也发现，如果你曾经受过正统的音乐训练，或许可以帮助你更深度理解这世界不同的旋律。我今天要拜访的人，正是一位音乐博士。

百年老校里的先进学问

一走出涩谷车站，我立刻被东京商圈的热闹氛围所吸引，可惜没时间逛街，我得尽快摸索出青山学院大学的位置。鸟越惠子教授约我十一点见面，我直觉这是一个很可能错过午餐的时间，因此走到一家章鱼烧的小店，打算备些存粮，里面的店员看我用英文点餐，就好奇地问我是不是从中国台湾来？我想我的口音透露了线索，原来他也是中国台湾人，因为想要练习日文而来小店打工。我喜出望外，不过没空跟同胞聊天，倒是看他用心帮我打包，心中满是温暖与感谢。

来到青山学院大学的第一印象，让我想起台大校园。门前的银杏大道，秋日的金黄叶片一路迤逦，一阵风吹来，纷飞的金丝雀羽毛，在眼前回转起舞，正逢一年中最美最灿烂的一刻，让我简直想振臂欢呼，我把足迹印在落叶上，在这座百年老校中留下我的历史跫音。当然，我从来没有想过，居然会来到日本大学的课堂上，跟一群大学生分享我的工作。

我很快地找到了总合文化政策学部，也就是鸟越惠子教授任教的地方。虽然青山学院大学设立于 1874 年，但是外观显然十分摩登新颖。而鸟越教授所教导的科目——环境设计（Environmental Design），是从“声景”的观点，引导学生去理解我们身处的世界与环境，并且启发更多创意的设计理念，这样先进的学问，鸟越算是日本先驱性的人物。

我走进鸟越教授的研究室，她正忙着跟她的博士班学生玲子讨论一些事情。看我前来，赶紧招呼我坐下，其实今天鸟越教授下午有两堂课，晚上还有一场市民演讲，行程排得非常满，但是知道我的行程也很紧凑，又对声景有兴趣，所以答应让我跟着她一整天，随时抽空跟我介绍她的研究内容。

一切正如我所料，我买的章鱼烧成了我们两人的午餐。鸟越马上就得赶去上课，根本不够时间外出用餐。

“不过，你想了解我的研究，我也很想知道为什么你对声景有兴趣，又为什么特意来日本？所以希望你先跟我的学生做个演讲。”鸟越一面吃着章鱼烧，一面提出她的请求。虽然我在中国台湾演讲无数，但是要用英文跟日本学生介绍我的工作倒是第一次，不过这并非难事，因为我很快就感受到，日本大学生看起来简直跟中国学生同一姿态，至少在上课前每个人都流畅地使用手指头，滑着手机上的屏幕。

鸟越教授用日文开了场，我也以简单的日文跟大家问好，接着跟这群孩子介绍了我的许愿石故事，我不确定底下的人是否充分接收到我的讯息。不过下课时，有一位女同学特意跑来问我，究竟什么是“寂静”？我试着用戈登·汉普顿的话跟她解释，“内在世界的寂静是属于灵魂的层次，而外在的宁静则是一种想与世界更深度联接的态度”，女孩眼中闪烁着光彩，仿佛有所触动。不过，我的“抢救大自然声景”，与其说是来日本寻找“寂静”，不如说来这里寻找更多“抢救”的理由。

世界就是一个大演奏厅

我所追求的寂静，在鸟越看来，只是反抗噪音而产生的行动，她在意的是一种聆听的角度与思考。从音乐的观点出发，噪音也是一种音乐的延伸，而从文化的观点来看，噪音甚至是一种解放威权的符号，因为噪音是“不被喜欢”的声音，也可能被界定为“政治上的压制”。受到西方思潮的

1 青山学院是一所历史悠久的大学。

2 鸟越惠子教授是日本推动“声景”的先驱人物。

3 正在讲课的鸟越教授。

影响，当代音乐家已把整个世界视为一个演奏厅，聆听声音的耳界，有了多元开放的空间。而这样的概念，其实是二十世纪后的产物。

声景（soundscape）一词，日文译为“音风景”，或是直接用片假名呈现。鸟越教授送给我两本她的著作，都跟声景有关。一本是她花了五年的时间，走访在1994年由当时环境厅所选定“日本音风景一百选”的地点，从文化、艺术、生活体验来展现当地的音风景内涵；另一本则是以加拿大音乐家谢弗的声景理念为架构，提出个人的思考与实践。

早在1960年代，谢弗就展开一项世界声景的研究计划（World Soundscape Project），核心理念就是声音生态学（Aucoustic Ecology），这门学问试图在噪音充斥的世界中，为人类所处的声音环境与生态环境寻找一条和谐的出路。后来也促成了1973年的温哥华声景计划（Vancouver Project），吸引许多年轻作曲家开始收录田野声音，重新去寻找聆听世界之道，这样的行动有如涟漪在各地演绎与扩散。而谢弗在1977年出版了《世界调音》（*The Tuning of the World*）这本书，让当时还在东京艺术大学音乐系就读的鸟越惠子，有如寻获至宝，并且由原本的古典音乐领域转向声景的研究。

趁着上课的空当，鸟越教授带我到学校附近的餐厅用餐，并介绍她的研究脉络。她带着英式口音向我娓娓道来：“我在大学时主修音乐学，这个学科教我认识什么是音乐，那时很幸运能遇见很多很棒的老师，其中一位是小泉文夫教授，他专门研究民族音乐，经常在世界各地田野录音与旅行，通过他的论文，让我看到传统音乐富含的智能。然而这些传统部落中的人们，并没有受过所谓音乐学的训练与概念，却能创造出丰富的音乐内涵。西方所谓的音乐学概念，已经扭曲了音乐的本质，事实上，所有音乐都不能抽离身处的文化与环境，而且深受自然的启发，比如虫鸣鸟叫，它们存在的时间远超过人类，都是属于世界最原始的乐章。”

因为不认同那些学术制式的框架，鸟越希望去拓展音乐的定义，寻找一个可以适用于全人类，甚至是宇宙，不受时空限制的概念。而声景的研究，正符合了她的期待。

空间设计重现原声

音乐绝对是一种声音，但是“声音”是不是一种音乐呢？如何界定音乐，我发现有更多有趣的命题，是关于聆听者的感受与诠释。“乐者”，按照中国传统《礼记》所定义，乃“天地之和也”，这些天地间的作品，该如何聆听？中国人放在礼教的脉络中表示，“乐由天作，乐者乐也，君子乐得其道，小人乐得其欲。”以此观之，原来音乐自在人心，聆听各凭修为。

然而，更让鸟越好奇的是，究竟谢弗这位加拿大音乐家，为什么有这么强烈的热情与创意，通过声景的研究凝聚了这么多人的心，并创造这样不平凡的旋律？于是，她在 1980 年到加拿大留学，并以谢弗本人的研究作为论文题目。1982 年鸟越决定把加拿大所学的声景理念带回日本实践，1985 年她成为环境设计师，投身在公共空间的设计，通过声学研究与历史调查，来找到符合当地生活背景、历史文化、生态环境的完美呈现。

其中最具代表的个案，就是泷廉太郎纪念馆的庭院设计。泷廉太郎

（1879—1903）是明治时期最早受过西方音乐训练的日本音乐家，著名的曲子如《荒城之月》，至今仍是大家耳熟能详的作品。1901 年，泷廉太郎到德国莱比锡学习音乐创作，可惜不久就因肺病返回日本，二十四岁即英年早逝。纪念馆所在地是泷廉太郎的故居，位于大分县的竹田市。鸟越设计的重点，是重现了启蒙这位音乐家的聆听环境，让人可以从声景的角度，来追念这位音乐界的传奇人物。

“千年苍松叶繁茂，弦歌声悠扬……”这首《荒城之月》听来凄美，却也传达了一些声景的讯息。身为设计师，鸟越必须做非常多的功课，并通过她的设计，来实践谢弗的理念。我看到她的设计蓝图真是处处讲究：包括建筑物本体材质所产生的声音（比如拉门、开窗的声音）、庭院地板踩踏的回音，与植栽选择所产生的树叶震动，要栖息于此的物种鸣唱，甚至大环境（竹田市）的复原再现。

让设计的概念，由视觉衍生到听觉，那样的细致度，是许多历史建筑修复长期忽略的因子。有太多例子，干脆把原建物拆除，然后制造个复制品，特别是古迹的修复，往往补个漆了结，这种大剌剌的做法，与其说是省钱，恐怕真正的原因是缺乏专业。

散播保存声音文化的种子

声音文化的保存，甚至要重现历史与记忆中的声音，这是当代最新的设计理念。身为音乐博士，鸟越赋予传统与现代建筑风貌更深度的内涵。今天关于声音的研究领域，可说是走向了“大鸣大放”的跨界时代。

我想起之前在境外期刊上读到，博物馆的展示不再只是单纯的物质摆放，而是配合当时的声音风景，让观众更能进入时代氛围。英国的声音考古学者甚至去收录史前人类在洞穴中作画的声音环境，当做文化资产来保护。我想到台东的八仙洞遗址，虽然是台湾地区旧石器时代最重要的现场，身临其境，听到的只是车水马龙与人声沸腾的场景……从声音去关注文化资产的保护，未来我们可以努力的，真的很多。

不知不觉中，暮色降临。鸟越又得匆忙离开校园，赶赴川口市去做一场演讲。东京的下班时刻，我跟着她转了三班地铁，在拥挤的人潮间，鸟越展现过人的体力与速度，她笑着跟我说："今天是特例，平常的我节奏是很慢的。"

终于到达目的地，这个称作 MediaSeven 的复合展演场地，可以进行影像播放、讲座分享……以多媒体的方式推动社会教育，类似我们的社教馆。今晚鸟越教授的演讲讯息已经四处张立："倾听声音的风景。"来此听演讲的人，男女老少皆有，在鸟越的演讲过程中，玲子在我身旁做了实时翻译，让我可以突破语言障碍，去解读更多的讯息。现场观众也热烈响应鸟越的主张，显然这样的主题，在日本已受到一般大众的关注及重视。

一天即将落幕，而我也将离去。"我希望看到你把这些声音带回中国台湾。"鸟越教授带着一份期许对着我说。"当然，我一定会。"我肯定地点头，而且我知道，这声音散播出去，会带来无数的回声。一如那穿越松林的微风，将牵动着无数叶梢的纷纷絮语，以及更多整体融合的动人乐音。

1
—
2

1 我的许愿石跟着我来到了日本的大学校园中，分享关于“寂静”的讯息。

2 这是听完我的演讲后，日本学生交回的“心得”报告，第一篇写着：“通过 Laila 小姐的分享，我知道原来不只是日本，世界各地都在关心声景这个主题。”

追寻如歌的行板

原来，虫鸣跟其他动物的声音一样，也会有不同形式的练习曲，只是无知的我，经常会对它们的语言断章取义……

1970 年，一篇发表在《科学人》（*Scientific American*）杂志上，关于果蝇求爱之歌的文章（The Love Sound of the Fruit Fly, July / 1970），无意之间，被当时还在植物保护中心（农业药物毒物试验所的前身）担任助理的杨正泽看到。刚从屏东农专毕业的他，虽然英文不太灵光，但是因为题目实在太吸引他，他翻遍字典，硬是把这篇文章给读完。多年后，任职中兴大学昆虫系的杨正泽教授回首旧事，才发现当年那篇关于昆虫鸣叫的研究论文，不仅深深地触动了他的心，也触动起他生命中一连串的机缘。

凡事没有偶然。听着杨教授谈起昔日历程，我心中暗忖着。就像此刻的我，拿着一堆自己多年来在野外采集的动物声音，登门造访等待解惑。几年前我就得知杨教授的大名，只是直到今日，我才有机缘把在山林录到的几段虫鸣，亲自播放给这位昆虫分类学家听，希望他能协助鉴定。

浑然天成的自然乐章

“你刚才放的那几段，应该是同一种螽蟴。”杨正泽一面仔细聆听，一面解析。怎么可能？对我来说，那是三种全然不同的声音节奏与旋律。杨正泽顿时像是音乐学院的教授，向我分析昆虫奏鸣曲不同的乐章：“这种骚蟴开始鸣叫时的暖场部分，容易被误认为某种蟋蟀的叫声。接着，它的声音就会变得非常持续，等到后面快结束时，才又转换成另一种声音。”原来虫鸣跟其他动物的声音一样，也会有不同形式的练习曲，只是无知的我，经常会对它们的语言断章取义。

但是昆虫语言有一定的基本模式吗？就像是生物身上的某些形态特征，是由演化而来的结果吗？我很好奇昆虫学家是如何研究动物的鸣叫声，况且还要通过声音来加以分类。

我在杨正泽所撰写的研究报告中，看到了生物声学领域针对昆虫鸣叫的研究历程与方法。原来蟋蟀等直翅目昆虫自二叠纪（两亿五千年前）开始，就在地球上靠着声音沟通，难怪声音会是这个类群的重要分类特征。

就发音机制来看，昆虫学家分析了蟋蟀身体的结构，发现雄蟋蟀会由左翅后缘的弹器（stridulator），来刮右翅下方的弦器（files），当前翅一张一合时就能演奏出足以表达讯息的音律。

在人为分析下，生物学家可以分析虫鸣节拍长度、重复性甚至音阶，但却无法分析音色等特质。不过我看到昆虫学家利用五线谱来标示昆虫声学的特性，展现十足创意，甚至为了要表现节奏，也以乐谱的速来斗蟋蟀的黄斑黑蟋蟀，两只比斗下来，赢的那只必须声如洪钟，才有资格获判胜利。”果然是得意洋洋的赢家，那输的那只呢？“就会静静地站在旁边，有时会回应一两声。”杨正泽向我描述着，“不会是呛声吧？”我突然抛问，惹来一阵大笑。

杨正泽提到的黄斑黑蟋蟀，正是他之前参与的一部影片《黑龙过江》中的主角。那是美国国家地理频道“绽放真台湾”的系列作品之一，片中的“黑龙”，不仅是台湾地区“斗蟋蟀”界的绝地战士，还要漂洋过海，到对岸大陆去跟蛐蛐一争高下。在片中，杨教授的解说，让人对蟋蟀为之惊艳，发现它原来不只是“一只虫”而已。

杨正泽喜欢研究昆虫，也喜欢研究人类跟昆虫的衣食住行的关系。其中，蟋蟀应该是跟人类生活最密切的昆虫之一，因为人类会吃蟋蟀、玩蟋蟀、听蟋蟀。现在更要以它们的叫声，当做分类的判断依据。

迈向鸣虫研究之路

杨正泽回想起当初那篇关于果蝇鸣叫的研究报告，却成为他研究蟋蟀鸣叫声的敲门砖。“我记得当初由植保中心保送到中兴昆虫系念书时，有一次在走廊上遇到杨仲图老师，我突然问他‘请问老师，我可以用动物的声音来做分类吗？’那时候杨教授并未回答，他只是静静地在抽烟。可是没想到我的话他全都记在心里。”

当时系上正好有位在研究木虱分类的研究生杨曼妙，想通过声音来区别两种外表很像，分别生活在山黄麻跟桑树上的木虱。杨仲图教授就指定杨正泽去协助她。于是杨正泽找到了当年那篇研究果蝇的文章，并参照文中的收音方式，设计了一个能放大昆虫声音的标本箱，利用最克难的方法来收录木虱的声音。这是一项充满实验精神与挑战的创举，整个过程中，杨正泽展现了高度热情与创意，也让杨仲图老师对他印象深刻。

有了这次成功的经验后，杨正泽决定以动物的声音作为博士研究的主题。“刚开始我还不确定要研究什么样动物的声音，杨教授建议我研究蟋蟀，但是我到处都找不到蟋蟀的踪影。没想到有一次杨教授突然打电话给我说：‘杨正泽，你现在拿个桶子去操场旁边的草地上，把从左边算来的第三颗石头推开。’我照做了，果然有几只蟋蟀就等在那里。”

终于，在恩师的协助下，想要的蟋蟀到手了，接下来的挑战是怎么养？杨正泽从小就非常好问，遇到问题他喜欢到处打听，久而久之，大家都知道有这么一号人物，包括昆虫学家朱耀沂。“刚好有日本学者正木进三（Shinzo Masaki）要来中国台湾采集蟋蟀标本，朱教授就推荐我

杨正泽（右）与恩师杨仲图合影。

去协助他。”在这次垦丁采集中，杨正泽对蟋蟀辨识的专业能力大有斩获，也让他顺利朝向这片研究领域迈进。

多年来，杨正泽花了很多时间研究如何收录动物的声音，甚至在“国科会的协助下，兴建了专门收录虫鸣的录音间。当一切设备到位，工程分析就绪，问题是，这些声音究竟代表了什么意思？昆虫学家所要搜集的，都是有意义的声音行为，也就是最终都是为了达成生殖繁衍的目的。“不能只是闲磕牙吗？”我忍不住地问了一个“拟人化”的问题，又引来彼此的大笑。

声音大观园

杨教授让我听了许多他所收录的声音，有的是昆虫的鸣叫声，有的是不会叫却能自制音效的，像是天牛被挤压后的声音，还有胡蜂幼虫在蜂巢中发出的哭饿声（hungry call），其实是大颚刮巢壁的声音，让工蜂知道宝宝饿了，需要喂食。所以昆虫要表明心意，不会叫也没关系，总是会有其他方法。不过，光是鸣叫的种类，昆虫学家便要为每个曲目定标题，包括：呼唤声（calling sound）、宣示声（courtship sound）、求偶中断声音（interruption sound）、交配后声音（postcopulate sound）、攻击声音（aggressive sound）、巢穴辨认声音（nest recognition sound）。这些林林总总的项目，已足以让人眼花，更别说是如何针对同一种蟋蟀，去收录所有声音的“模式标本”，再成为分类的主要依据。

如果声音是沟通的重要工具，让人好奇的是，昆虫本身如何接收这些讯息？昆虫学者发现，直翅目昆虫（蟋蟀、螽蟴）的耳朵（听器）主

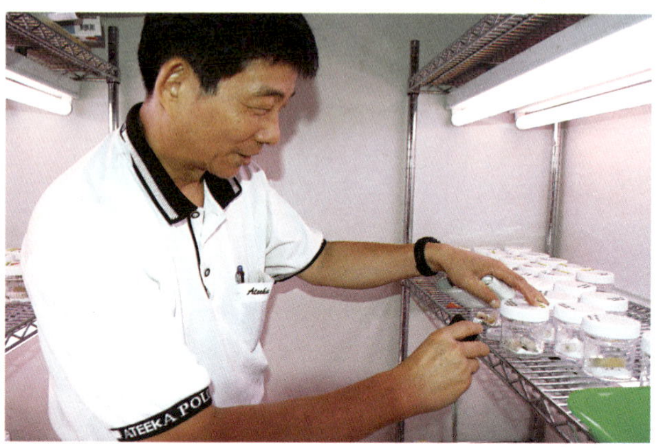

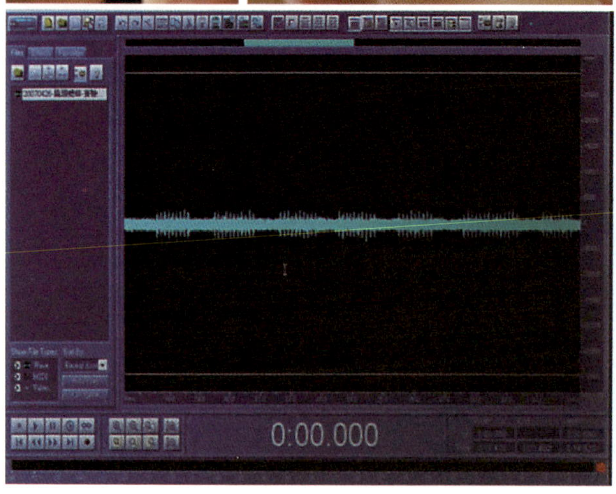

1

2 | 3

4

1 杨正泽在实验室中饲养的蟋蟀。

2 用声音来为昆虫分类，杨正泽是先驱。

3 有些蟋蟀的声音洪亮，一听就知道是“斗士”。

4 昆虫的声音以声波显示时，有着属于自己的独特纹路。

要位于前足胫节（tibia）的两侧，每个胫节都具有两个鼓膜（tympana），用来接收声音讯号，辨识频率与方位。人类的听觉范围可由 20 ~ 20000 赫兹（Hz），最佳频率为 4000 赫兹，最高听力可到 0 分贝（dB）。而蟋蟀可听到 2000 ~ 6000 赫兹的声音频率，它们的发音正好是人耳可以接收的范围，只是我们虽听得到，却未必听得懂，就像人往往只听自己想听的，对虫何尝不是？ 🎧[11]

不过从演化的角度来看，不论是通过费洛蒙（一种由动物体分泌出来且具有挥发性的化学物质）或是鸣叫声，生物间的沟通方式，也随着自然天择的模式进行。根据化石的研究，直翅目的昆虫是从蜚蠊目演化而来，今天我们可以看到蟑螂有举翅的行为，但是它们并不会摩擦出声，这些在夜间出没的昆虫，决定用更神秘的语言来彼此沟通，而演化成鸣虫的个体，虽然声波远扬，却也容易受到天敌的觊觎。即使在爱唱歌爱发言的蟋蟀家族中，也会出现一些特例。

多年来投身于研究蟋蟀鸣叫声的杨正泽，居然发现一种不会叫的地蟋蟀，称作“海滩蟋蟀”。这种蟋蟀只生活在中国台湾东部特定的海滩环境上，生存区块的破碎化，显示这一物种正受到许多人为活动的干扰。杨正泽感慨地说：“通过动物声音的研究，我们试图去建构更大的‘声景’，我们要知道自己正跟什么样的生物同处于一个空间中，在时代变迁中，我们加入什么样不同的声音元素，又对这些鸣虫带来什么样的影响，这些其实是非常需要关心的。”

听着我播放一首首从野外采集回来的虫鸣声，杨正泽想起 1970 年有位来台湾省搜集动物声音的法国学者说，台湾地区真的是研究鸣虫的天堂，在马路旁就可以录到各种不同的动物声音。“恐怕他以前录音的地方，现在也改变很多了吧。”我淡淡地响应，这的确是我的真实感受，多年的野外录音工作，总觉得自己是在记录一些即将失落的传奇。“你为什么喜欢聆听自然的声音？”杨教授回问我。我沉默半晌，以坚定的口气说：“为了重新发现自己，重新发现跟这片土地的联结。”杨正泽微笑点头，我想我的答案，至少也道出了这位科学家内心的部分追寻。

叁·动物之歌

声色『虫』生

虽然不知它的真实身份，但是我被它的声音深深吸引，如果我们能多认识这些鸣虫的声音与它们出现的季节、地点，不就会有更多有趣的体验？

孟繁佳在他的微博网志上是这样介绍自己的：“孟子第七十四代玄孙。在历史与现代之间，探索未来；在古典与梦幻转隙，寻找真实。”我是在台北认识这位先圣的后代，繁佳的太太是中国台湾人，他有很多台湾地区的朋友，而我跟他结缘，是因为我知道他是北京最后一代还懂得聆赏“虫鱼花鸟”生活的文人雅士，尤其他从小就爱养鸣虫，各个品种他都在行，这种即将失传的文化内涵，在繁佳的成长记忆中留下许多精彩的历史见证。

我邀请繁佳来家里玩，带他欣赏我的绿色花园，还有一池塘的金鱼。台湾地区天气湿热，植物很容易生长，所以一年四季都是鲜绿。而我的小池塘更是一个自然演替的生态池，原本遭弃养的金鱼，来到这里繁衍子孙，不需特别照料，就兀自鲜艳夺目。台湾地区野地的虫鸣声响更是复杂到难以全面辨认，这样的缤纷对我们来说理所当然，甚至不太珍惜，反而在高纬度的北国，漫漫长冬难熬，老北京人养“鹩哥儿”、养“蝈蝈儿”，是因为喜欢有自然声音的陪伴；在家里种菊花赏金鱼，是因为在冰天雪地里，还能增添几抹绿意与色彩。

最传统最古典的随身听

这种刻意经营的声色生活，是北京传统的文化。据说，中国从唐朝就开始流行养虫，最早是后宫中的宫女饲养鸣虫，为了排解生活的孤寂，后来一直流传至今，晚清期间更是盛行。这种文化甚至影响到日本，著名的“东都名所道灌山虫闻图”，就是描绘江户时代（1603—1867 年），今东京日暮里地区的秋日傍晚，当地人家一面观落日，一面赏虫声的风雅生活。

对虫声虫影的喜爱，一切的启蒙得从养虫开始。1968 年出生的孟繁佳，自小就从长辈那里学习到如何斗虫跟养虫，他说，很多小孩都会去翻出家里的搪瓷缸，还刻意把它打破，顾不得挨骂便兴冲冲地营造起栖地，他们懂得模仿大自然土壤的堆栈方式，上面要想办法挖一些潮湿的青苔养着，并持续浇水直到把环境打点好了，再弄出高山低丘的造景，便大功告成，接着只待迎虫入缸。

这些虫有的是自己抓来的，也有的是买来的；像山东来的虫比较好斗，浙江的虫叫声好听，叫做蛉虫，各有不同的特色与功能。养虫的罐子，除了瓷缸，还有葫芦罐、小木盒，各种质材与雕工的造型，不仅展现工艺之美，也呈现不同的经济地位。讲究的盒子甚至用玳瑁或是象牙来雕刻，再配合名家的书画，这些是达官贵人的专属玩具，贩夫走卒根本负担不起。

繁佳说，养虫的盒子大小，要以虫有足够振翅的空间为准。他说他养的鸣虫，有的只像米粒般大，有的跟黄豆差不多。他喜欢听黄蛉的声音，冬天会用个小盒子装只小黄蛉养着，然后放在厚重的衣物里面，虫一感受到温度升高就会开始鸣叫，在苦寒的冬日中，鸣虫的旋律让他特别温暖舒畅，不过这已经不是现代年轻人所能够理解的声音感受。算来这种随身带着歌手的容器，应该是老北京最传统又最古典的“随身听”了。

马虎不得的悉心照料

不过要供养这只歌手，绝非易事。养虫大事，打从中秋之后，就要开始张罗。

秋季，对鸣虫来说是重要的季节。从中国文字的起源就可以看见端倪，“秋”这个字的甲骨文，根本就是一只虫子的模样，而且是只鸣虫。至于它的叫声，就成了这字的声音，如此想象，实在非常佩服古人的逻辑与创意。

繁佳说，养虫的盒子要用茶水擦拭，茶的质量得讲究；养虫的食材也不得马虎，他都是用鲜美多汁的“山东苹果”来照顾他的歌手。当然，这小虫顶多只能消耗一些果渣，其他全进了主人的肚子里了。

繁佳说起虫子整个眼睛都透着晶亮，展现极高的热诚，连如何帮虫子“洗澡刷牙”也巨细靡遗的交代。“刷牙？”我不可置信地叫了起来。

1 | 2
3 | 4

1 我与孟繁佳合影。

2 蔡惠卿认为保存“昆虫文化”，也是达成“生物多样性”保护目标的一种展现。

3 养虫器皿工艺辈出。

4 养虫罐中的簧片可以放大声波。

原来，养虫得观察它们在野外的习性，这些靠饮朝露维生的小虫，喜欢通过锯齿叶缘来刷背清理自己。于是养虫的人就会用小毛笔沾茶水帮虫清洗，也顺势往虫子嘴里一抽，“水吸了，牙也刷了”。繁佳的京片子让这明明繁琐的过程，反显得有份利落。

值得一提的是，这些养虫的毛笔也很有学问，有用猫须、老鼠须的，还有用少女的发丝，可说是五花八门，无奇不有。对不大讲究休闲生活质量的现代人来说，这样的嗜好，简直是“玩物丧志”，是属于没落王宫贵族爷儿们的生活。繁佳不同意，他觉得从养虫到听虫，是一套完整的“知识经济”，需要有计划的保存与推动。我同意繁佳的观点，但是也很好奇，为什么是“爷儿们”的生活？难道只准男性玩虫吗？繁佳的解释也很绝，他说，虫生活在土里，属于阴性，所以只适合与阳性生物在一起。从某个角度来看，的确喜欢养虫的以男性居多，拿虫去斗去赌博的也是男性的天下。但是偏偏在中国台湾就有一位女性也在研究这群鸣虫。

刚认识蔡惠卿，是因为我参与了“生物多样性种子教师”的培训，她是“自然生态保育协会”的秘书长，也是《大自然》杂志的总编辑，更重要的是，她是台湾地区推动“生物多样性教育”幕后非常重要的推手。

听虫带来的心灵疗愈

惠卿跟我一样是学新闻的背景，因缘际会走入保护事务，觉得自己应该修一个自然科学的学位，原本想念植物，后来却意外走入昆虫学的领域，并以“蟋蟀文化”作为她的论文主题，因为惠卿本身是台南人，

蔡惠卿的著作，与她所搜集的各种
养虫道具。

从小就耳闻台南人斗蟋蟀的民俗文化，也从父母辈口中知道很多关于斗蟋蟀的趣事，于是她就以此来了解与当地人文的关系。

惠卿发现，中国台湾的“蟋蟀文化”有明显的地理界限。在嘉义以南长大的童年，才有蟋蟀的陪伴；北部的环境因为开发的时间较早，没有这样的声景环境。

除了养蟋蟀玩蟋蟀之外，惠卿跟我们分享了一个着迷于“听蟋蟀”的案例，是“自然生态保育协会”创会理事长张丰绪先生的真实故事。

张丰绪是中国台湾著名的政治人物，曾经当过台北市长、“内政部长”……政治资历显赫。但是他却有一个寂寞的童年，身为幺儿，因为家中兄姐年纪悬殊，陪伴他的反而是乡野间的昆虫，特别是蟋蟀，小时候他总是把蟋蟀塞在火柴盒里，怕老师发现还把蟋蟀翅膀反折，没想到上课到一半，蟋蟀自己翻身，当场大鸣大放，他只好被老师罚站……童年点滴，成了他生命最重要的回忆。

几年前，张理事长生病在家，知道惠卿研究蟋蟀，特别央求她带几只蟋蟀给他，因为他非常想念蟋蟀的声音。惠卿特别张罗了几只黄斑大蟋蟀，声音非常洪亮，张丰绪听得开心，让它们住在花园中，没想到几天后就被石龙子吃了。后来几次他住院，惠卿索性送了一张蟋蟀 CD，希望能带给病中长者一些安慰。

惠卿说，这些伴随人类成长的鸣虫，最后对人类居然能发挥疗愈的力量，这简直就是自然医学的最佳实证。除了声音有疗愈的功能外，养虫的器具也有。

惠卿多次跑去上海与北京，搜集了各种养虫的器皿，真的是工艺辈出，有的葫芦罐中甚至放了簧片，作为扩音之用，各种精巧的道具，我看了也爱不释手。

寻回与鸣虫的生活联结

除了物件的收藏，惠卿的论文完整收录了唐诗宋词中各种关于鸣虫的作品，非常用心，也让人窥见我们所丧失的那份聆听声景的情意。

“悄悄禁门闭，夜深无月明。西窗独暗坐，满耳新蛩声。”——白居易

我仔细在记忆中搜寻，最早被一种蟋蟀声音——那种像是小鸡声音的绵柔质感——吸引，是眉纹蟋蟀的声音，从第一次在北投的稻香路旁记录到它之后，每年秋天我都会去寻找它的声音。还有一种在知本森林录到的鸣虫，我只知道它应该是某种金蛉子，但是真实身份还有待查证。我被它的声音深深吸引，如果我们能够清楚认识这些鸣虫的声音与它们出现的季节、地点，我们的生态旅游就会有更多有趣的景点与体验。🎧[12]

惠卿参与推动生物多样性的保护已有十多年，我问她，鸣虫与生物多样性有什么样的关系？惠卿强调，生物多样性的保护目标在于“永续利用”，这些鸣虫从艺术文化、生态维护、心灵疗愈都有非常重要的意义。世界上不只中国有鸣虫文化，日本、西班牙、德国都有。鸣虫与人类生活关系密切，如果我们能保护鸣虫生活的栖地，就能保有这份生物多样性，未来就有更多创意的可能。

“或许现代人就是失去这种寄情养性的机会，没有办法让自己沉静下来，学会独处。这是一个喧闹却又非常寂寞的时代。”惠卿下了一个结语。“该好好去记录这些鸣虫的声音了。”我也跟自己下了一道指令。

天赋异禀的“外来”歌手鹊鸲。（杨荣辉摄影）

解码啁啾鸟语

我真的认为，如果这城市有音乐，都得感谢那群从不计较酬劳的歌手。我们必须为它们保留一个可以发声的舞台，学习欣赏它们丰富多变的曲目。

我躺在床上许久，没有梦境，只是专注地听着。纱窗外开始透露白光，耳朵突然窜进一段非常婉转好听的歌声，有如铃串激越的音符，在微曦的风中先声夺人。其实我注意这段旋律已经很久了，但是它算是这条小巷子的新居民，是个天赋异禀的歌手，我对欣赏这样的音乐有所保留，倒是对它扩散的路径与范围开始好奇。之前它曾在植物园中现身，有一年春天，同事突然跑来问我，有一只黑白交色，一直在窗外唱歌的鸟是谁啊？“鹊鸲。”我很快就回答，光听说很会唱歌，我就不会说是喜鹊，那种鸦科的鸟类，注定有着粗嗓门的血统。

“你怎么知道？”同事有点纳闷我为何如此肯定。“这种鸟我以前在金门就看过，最近在台湾地区也可以看到，算是外来入侵种。”我的回答有些煞风景，对大部分的人来说，会唱歌的鸟都是受欢迎的，谁在乎它是本土或是外来的？

第一位野地录音师难忘的嗓音

其实鹊鸲的家族成员都很会唱歌，它的亲戚白腰鹊鸲（*Copsychus malabaricus*）更是个中翘楚。虽命名“白腰”，但是跟鹊鸲最明显的差异，反而是它橙黄色的腹部。我开始注意到它，是发现特有生物研究中心对这种生物下达了格杀令，却仍无法阻止它在此落地生根的决心。而让这种鸟儿陷入悲情的命运，正是因为它们有着动人的歌声。

拥有这等歌艺，自然成了遛鸟者宠爱的热门货色。原生于东南亚与中国大陆的白腰鹊鸲，又有“长尾四喜”的称号，虽为善鸣之禽，原本并非强势物种，反倒来了中国台湾，由笼中之鸟而逸于野外，不但大鸣大放，还善于模仿各种鸟鸣歌声，入境随俗的功力，让人叹为观止，并与诸多本土鸟种在栖地与食物选择上产生竞争，因此引起动物学家的高度关注。

然而，白腰鹊鸲迷人的嗓音，古往今来早就掳获人心，甚至成为人类第一个录音收藏的目标。我在戴维·罗森博格（David Rotherberg）所写的书中，注意到全世界第一位收录野鸟的录音师——科赫（Ludwig Koch），一个出生在法兰克福的德国犹太人，1889 年他才八岁，爸爸给了他一个爱迪生发明的蜡筒，他就用这个新玩意儿录下一只白腰鹊鸲的声音，这是人类最早使用录音技术的开端，我从英国广播公司（BBC）的历史档案中，聆听了这段录音，非常粗略，噪声很多，却仍可以清楚辨识原唱者的优美唱腔。真搞不懂这只鸟怎么飞去德国的，或许也是一只笼中鸟。不过它显然打动了科赫的心，科赫从小就会拉小提琴，也曾经成为短暂声乐家，这些音乐熏陶，让他对自然音律有独特的鉴赏力，因而成为有史以来第一位野地录音师。1920 年他在德国的 EMI 工作，出版了第一本有声书，并附上他所收录的鸟叫声，堪称田野录音的祖师爷。科赫一辈子出版了很多野鸟录音记录，1936 年他来到瑞士躲避了纳粹的迫害，又因缘际会到英国广播公司，开始制作各种关于野鸟的节目，受到非常大的欢迎。

春日的青笛仔演唱会

正因为录音技术的发展，让人更加专注聆听野鸟的歌声，而另一种精进人类对鸟类声音理解的推手，则是声图仪（sonograph）的发明，这是 1940 年代美国贝尔电话实验室所发展的高科技产品，通过频率与时间来呈现声音讯号的仪器，通过声图的视觉辅助，人类对鸟类声音的结构，掌握到更多可供分析的依据，同时也开启了生物声学的研究。

我虽然没有成为动物学者，终究还是这些野鸟歌手的追寻者。对我来说，喜欢倾听鸟语，似乎是走进自然的一种诱因，我深深被那一段段独特的曲律所吸引，并渴望去记录它们。记得小时候院子种了两棵珊瑚莿桐，每年春天，绿树红花中穿梭来去的都是绿绣眼，当时我不知道它们的名字，只觉得唱歌比麻雀悦耳，后来才知道它们被唤做“青笛仔”。多么美妙的布局，当春日来临，在我家露台前的大树上，就可以欣赏到一场青笛仔演唱会，而且完全不需盛装赴宴。🎧[13]

我始终相信，懂得聆听这样的声音，自己灵魂的某个部分也会被唤醒。然而，声音世界之所以迷人，并不止于听得见，还要能听得深。不同的旋律会在不同的人身上产生激荡，比如音乐家听鸟音，甚至会把这些旋律写成谱，其中最著名的就是法国作曲家梅西安（Olivier Messiaen），梅西安不仅着重旋律，还关心鸟鸣的音色。据说他在野外记录鸟声，仅靠自己的耳朵，并不借重录音器材，在《鸟志》（*Catalogue d' Oiseaux*）作品中，梅西安只用钢琴这项乐器展现鸟的声音，还有它身处的声景，包括水声、蛙鸣、风声、日升日落……全都收录在曲式中，基本上是非常抽象的表现，老实说，刚开始我很难进入状态，必须花更多时间去解读这些内涵。大自然的鸟鸣给了音乐家创作的灵感，而梅西安则用了他的音符，来颠覆人类习以为常的节奏与规范，或是回归音乐应有的本质——无拘无束，自由自在。问题是，鸟的鸣叫真的是如此自由随性？我们知道那是唱歌？还是说话吗？

猜猜歌手有几位？独唱重奏分不清

那天在花园中，仔细观察了一段白头翁在我家竹柏上鸣唱的片段。我看着它一面随意理毛，一面响应着附近一只白头翁的叫声。有的时候它响应的旋律跟对方一模一样，有的时候只是这段旋律的前面三个音符，或是前面第一个音符。我相信这样的组成一定有其意义，问题是如何解码？在生物声学家的界定中，鸟类的叫声分成所谓的歌曲（song）以及召唤（call），一般有特定旋律的称为歌曲，通常在繁殖期特别容易听到，而其他一些叽叽喳喳的声音，则比较像是一种功能性的对话，比如宣示领域、警戒，或是索食……而在繁殖期间，有时在森林里听见公母鸟彼此之间的对应，被称作二重奏（duet），生物学家认为，这是一种巩固交配权的宣示。

关于这一点，台大森林系袁孝维教授做了很多年的研究。我曾经播放一些我在野外录到的薮鸟叫声给她听，原本以为是一段独唱的旋律，在她的指点中，却发现是两只鸟的合唱。“我们研究发现，前面的那段——叽~啾儿，其实是公鸟的叫声，而紧接的那段——唧唧唧的声音则是母鸟的叫声。有点像是公的在问：“你在哪里？”然后母的会回答：我在这里。”袁老师非常认真地跟我解释着。聆听人类讨论鸟鸣的过程是很有趣的，因为在我们的对话中，得很努力通过口技的方式，来模拟另一个物种的语言。还好，因为我对这样的音律还算熟悉，可以跟着动物学家一搭一唱。

但是也有相反的状况，有些我以为是“对唱”的状态，其实只是公鸟的独吟，其中一个例子就是绣眼画眉。

失落的人鸟关系

绣眼画眉是台湾地区中低海拔阔叶林中极易见到的画眉科鸟类，叫声非常多样丰富，被当地少数民族视为灵鸟，为任何打猎与日常活动占卜吉凶。过去我曾在乌来地区访问当地的泰雅族长者，他们称绣眼画眉为“Silig”；不过同样被视为占卜的鸟，邹族、排湾族的称谓又各有不同。有一阵子我甚至想以绣眼画眉作为人类学研究的题目，来看看自然中的音律如何被人类解读。在非洲肯尼亚，也有当地少数民族靠着鸟类独特的歌声以及领头的指引，找到蜂蜜；接受照顾的人类还会留下一些蜂蜜，回报给这些鸟朋友。我相信那是一种经验法则，在古老的岁月中，传承着某种神秘的力量。可惜今天我们跟绣眼画眉之间已经缺乏这样的互信与互助，关于它的语言，我们得从科学的角度重新去发现。

在当地少数民族文化中被视为灵鸟的绣眼画眉，叫声丰富多样。（苏宗监摄影）

我经常录到绣眼画眉跟绿画眉、山红头在一起七嘴八舌的声音，其中除了山红头典型的五连发口哨声外，绿画眉的金属唱腔也非常容易辨识。偶尔，我也会录到一段绣眼画眉的独唱，它们会群聚在森林底层穿梭，其中一只唱了一段主旋律（也称作哨音），后面紧接着 ni ni ni 的声音，而且是有几只跟着合诵。刚开始我以为跟薮鸟一样，是母的响应。后来向谢宝森老师请教，才知道前面一段主唱是只公鸟，但在旁边应着 ni ni ni 的也是公鸟。

这又是什么情况？谢老师笑着说："那应该是一种领域的确定，或是作为同一群体的辨识。"原来这是强调"我们是同一国"的声音，显然每种鸟类的鸣唱功能，跟它所处的环境及生态习性不同有关。

流行唱腔与“模王”高手

谢宝森老师是高雄医科大学生物医学暨环境生物学系的副教授，她研究柴山与扇平地区的绣眼画眉，就注意到两个地区的鸣唱声有所不同，尤其是前段的哨音更有明显的区隔。她发现甚至在柴山地区，领域相隔一百公尺以外的绣眼画眉，它们的前段哨音就已有所变化，而且每年不同。比如说，在柴山地区的绣眼画眉如果分成 A 团跟 B 团，彼此的哨音就会不大一样，而且每年自己所属团体的唱腔也会有更动。“就像流行歌曲一样，它们也有当年流行的曲目。”谢老师的回答，让我想起了大翅鲸，尽管在大洋中巡航漫游，随着海底声波远去，也会有所谓的年度主题曲，动物学家认为这与文化传播有关，也就是说它们会相互学习彼此的歌声。

为了确认地盘，同一挂的绣眼画眉会传诵同一条曲目，以跟其他团的绣眼家族作区隔，于是就会慢慢发展出所谓的“方言”。这样的现象在野鸟世界中非常普遍，比如你仔细聆听在太平山跟溪头的薮鸟，就会发现它们的唱腔有些小变化。明白这样的变异后，我在进行录音采集时，就会比较小心地记录这段声音录制的地点与时间，因为谁知道过了几年，它们又流行唱什么歌儿来着？

更妙的是，野鸟除了同类之间会相互模仿外，有些语言高手更擅长模仿其他鸟儿的声音，中海拔山区的橿鸟（又称作松鸦）就是，我曾看它学过台湾地区蓝鹊、小弯嘴的声音，当场就已经佩服得五体投地。据说它也会学熊鹰与大冠鹫的叫声。我问袁孝维老师，鸟类鸣唱应该很耗能量，为什么橿鸟这么喜欢学别人唱歌，是因为天性好玩吗？还是背后有什么目的？

袁老师对我抛出的各种问题，似乎全能接招。“野鸟之所以会模仿其他动物的声音，可能跟竞争有关。它们会通过这些声音来传播一些错误的讯息，让其他野鸟以为这里已经住了很多的鸟，甚至有天敌存在，于是就可能不会选择侵入你的地盘。”

别让噪音胜鸟音

真是太有心机了，没想到这样的欺敌策略居然也应用在野鸟世界中。但是如果身怀这种本领的是外来种，那就不大好玩了。白腰鹊鸲天资聪颖，连小弯嘴的声音也模仿得入木三分，学习能力很强，终身都处在语言敏感期，拥有这样的绝活，对本土鸟类的生存势将造成一定的冲击。

但是无论如何强势的鸟类，都比不上人类无所不在的噪音。

近年来的科学调查显示，在马路边生活的白头翁，因受到噪音的影响，必须加强自己的音量。甚至有些蝉为了要让自己的声音能被同类听见，只好把音调调高，但是却影响了生殖交配中所要传达的讯息。生物学家发现，城市中生物多样性会降低，很明显跟噪音有关。许多必须依赖声音传播沟通的物种，注定无法在这样的环境中生存。于是越来越多生物声学的研究，应用在未来环境监测与管理的指标上，特别是城市绿地的设计，更需要考虑保护绿色声景的重要性。

我真的认为，如果这城市有音乐，都得感谢那些从不计较酬劳的歌手，尽管它们的初衷不是为我们人类献唱。但是我们必须为它们保留一个可以发声的舞台，并且学习欣赏那些丰富多变的曲目。

为什么我们要继续去聆听鸟语，理解这样的音律？就让我以那位爱用萨克斯风与鸟儿一同演奏的作家戴维·罗森博格所写的一段文字来作一个脚注："我们行走在美之中，我们在美之中聆听。鸟也偕美而飞，并将美保存在声音中。"

可爱的绿绣眼，是穿梭在城市与乡野的“绿色吹笛手”。
（杨荣辉摄影）

深海探声

叁·动物之歌

当船来到离岸三公里的海面，想到这辽阔的情景将成为历史云烟，总有一份不舍。如果这是人类必须面对的选择，也期望科技能减少对环境的干扰……

早上七点半，我跟林天祥约在苗栗的后龙火车站碰面，我准时到达。这个车站建在二楼，我爬上爬下找不到他。打了电话过去，他说他就住在旁边，几分钟后，天祥跟两个学弟一起出现，他们是来支持的帮手，为了一大早出海，昨天连夜带着一堆器材赶来，这些大男孩看来都还有些睡眼惺忪。我今天得跟着他们从外埔渔港出海，这个渔港不大，却停了不少渔船，其中一艘“世通 168 号”就是我要搭乘的船。现在中国台湾海峡捕不到什么鱼，新一代的讨海人，纷纷转型成休闲渔船，赚海钓客的钱，比看天吃饭更有保障。当然，偶尔接些协助研究或工程单位的案子，也算是一笔外快。

林天祥是台大工程科学与海洋工程学系陈琪芳教授的研究助理，是马来西亚人，硕士论文探讨了利用围起气球墙来解决离岸风力发电场（offshore wind farm）的噪音问题，这正是台湾地区接下来最热门的话题之一，所以毕业后他继续留在实验室，希望有机会将研究付诸实践。

风力再生能源的两难

为什么选择在离岸架设风力发电机？背后的原因很多，一方面是为了解决陆地大片面积不易取得的问题，加上宽阔的海域可以提供更好的风场环境；另一方面，欧洲许多国家从 1990 年代之后，纷纷设立离岸风力发电场，有着成熟的技术与经验，足以被中国台湾当局的借鉴。

这十多年来，中国台湾当局废核声浪前仆后继，加上燃煤电厂所带来的环境负担，如何发展再生能源成为当务之急。2009 年开始，管理部门制定“再生能源发展条例”，到了 2013 年，经济部能源局部门跟两家获得“风力发电离岸系统示范奖励案”的民间业者签约，目标是在 2015 年先架设四座示范型的离岸风机。

根据业者的规划，未来的风场位置分为两区：一处是在彰化县芳苑乡外海十一公里，水深二十五至四十公尺处，将设置三十座风力机，从这里应该可以遥望到那片曾经上演反国光石化兴建的湿地；另一处则规划在苗栗县竹南镇外海一至五公里，水深五至三十公尺处，设置三十座风力机，而这里就是我今天要拜访的海洋现场。

针对离岸风电场的设置，更让人关注的焦点，就是噪音问题。从一开始的海底打桩，到启动后带来的运作声响，绝对是惊天动地的举动。随着水下声学研究技术的发展，科学家开始关注海洋哺乳动物是否会因人类的干扰而受到波及？特别是这些离岸风电场设置地点，正好也是那群让国光石化停建的重要理由——中华白海豚洄游出没的地点，因此开发单位找上了研究单位，希望针对这些地区的水下环境先进行相关调查，掌握更多信息。

天祥今天的任务，就是把一台水下录音机放在未来离岸风电场设置的海床上。这种海洋录音机称作：SM2M Marine Recorder，整体设计跟陆地上使用的录音机很大不同，它像是个黄色长形圆铁桶，被架在一个特制的铁架上，里面有支水下麦克风会持续录音，电池供电可长达一个月之久。天祥几个星期前，在另一个地点布下一台 SM2M，打算过阵子再去取回。这样来来回回的作业已经持续了好几个月，目的就是要搜集水下的声音记录，以做更全面的评估与分析。

水下录音大不易

这艘船有二百多吨重，算是我搭过非常舒服的渔船，还有绒布沙发可坐。船长姓王，带着一位菲律宾渔工，船上除了台大团队，还有两位协助固定录音机的潜水教练。当我们的船来到苗栗竹南外海离岸三公里的海面时，心想眼前广袤辽阔的情景将成为历史云烟，总有一份不舍，如果这是人类必须面对的选择，也期望科技能帮助减缓对周遭环境的干扰。我陷入沉思，突然间，听见船长叫渔工去钓鱼，只见菲律宾人三步并作两步，兴奋地跃出船舱，立刻架起渔竿垂钓起来，怎么一下子成了海钓之旅？原来是船长为了测试底下水流，提供潜水教练参考之用。当然，他也想试试手气，看能不能帮中餐加菜。

我们运气不错，刚好碰上风平浪静的一天。教练跟天祥沟通后，决定在这里放 SM2M，这里水深大约是二十公尺，潜水教练必须协助让这台水下录音机通过铆钉固定在海床上。中国台湾海峡的海底主要由沙泥构成，如果机器很重，一阵子很可能被埋在沙子底下，所以必须做好GPS定位。不过最让人担心的，还是在附近作业的底拖渔船，把昂贵的器材拖走不算，还可能因为网具被破坏而提出赔偿。研究人员虽然会在港口公告提醒渔民，但是一般讨海人是不怎么理会这种事的，而这些风险也是海洋研究经常面对的挑战之一。

这些辛苦搜集回来的海底信息，又该如何应用呢？我决定去拜访天祥的系老板，也就是陈琪芳教授。这几年许多大学的系所名称，为了因应时代变迁而纷纷改名，弄得我有点迷糊。现在台大的工程科学与海洋工程学系，在我那个年代称作造船系。这样我就懂了，船跟声呐设备有关，当然任何有关水下声学的工程研究与技术，就是从这个系所开始的。然而在这个充满阳刚气息的系院里，负责水下声学实验室的，却是一位女性教授。

我想我不是第一个对此好奇的人，陈教授指着墙上一张泛黄的旧照片说，她是1977年从台大造船系毕业，大学四年中不论前期后期，都没遇到一个人来当她的学妹或是学姐，她足足当了四年全系唯一的一朵花。

长期忽略的海洋噪音

这样的女生，到了美国麻省理工学院，拿了海洋工程博士学位回来，也被母校延揽任教至今。她是声呐（Sound Navigation and Ranging，简称SONAR）专家，也是水下声学实验室的负责人。但是台湾地区过去并不大重视海洋噪音的研究，一直到2009年，美国的蓝赛斯号

（Marcus G. Langseth）海洋研究船来到中国台湾海峡，进行一项“台湾大地动力学国际合作研究计划”（Taiwan Integrated Geodynamic Research，简称 TIGER），为了分析台湾地区当地地底结构，每隔五十公尺就朝海底发射一次低频高位准的空气枪（airgun），这件事立刻引起环保团体的抗议。后来“国科会”赶紧召集研究水下声学的团队在现场进行噪音测量，一旦超标就要立即停工，这件事情让大家发现，原来过去我们的科学研究，长期忽略海洋噪音这个领域。

一般国际认定的海洋噪音是 180 分贝（dB），由于环境与空间条件的不同，跟陆地上界定的标准不一样。但是我们所说的“噪音”（noise），在海洋声学的领域，等同于声响讯号。所以在量测声音时，也会着重于整体的声景，包括当地环境的地理特征，凡是水流、地震等原本的声响，还有人类制造的声音，例如渔船、海底工程所产生的音源，另一种层面则是生物性的声音，也就是海洋生物所发出的声音。这些声音的组成有其独特的当地性，非常需要建立起基本的数据，才能帮助未来的监测与管理。

面对台湾地区即将而来的离岸风电场，陈琪芳团队的研究领域，扮演十分重要的关键，除了建构中国台湾海峡水下的声场信息，也必须设法帮忙减少水中噪音的扩散，例如在风力机外围起气球墙，或是在水下产生双层气泡的遮蔽，在兼顾环保与发展再生能源的目标下，这样的技术被寄予高度期待。

其实，人类关注海底的声音，有着悠远的历史。早在公元前四百年，亚里士多德就提出在水中可以听见声音的看法。而关于水下声学的

1
2

1 置放水下麦克风的准备作业。

2 船上的仪器能帮助掌握正确位置。

1
—
2

1 陈琪芳教授当了四年系上的唯一一朵花。

2 林天祥希望能解决风电场施工所带来的噪音问题。

创举研究，最早是在 1826 年，瑞士的物理学家克拉顿（D. Colladon）与法国的数学家斯特姆（C. Sturm）在日内瓦湖首次量测到水中的声速。

陈教授告诉我，二十世纪水下声学的技术发展，跟国防工业有着密切的关系。

国防、气象与蓬勃的海洋声学

一如电影《猎杀红色十月号》中所描述的情节，在冷战时期，美国为了掌握苏联潜艇的活动，在海中布下了反潜舰的水下监听系统，称作 SOSUS（Sound Surveillance System），也就是美国海军从格陵兰、沿着冰岛到英国之间的大西洋海底下，架设了一道天罗密布的监听网络，来掌握敌国任何的轻举妄动。

果然是“道高一尺，魔高一丈”，原来懂得聆听才能判得高下。SOSUS 是冷战时期的秘密武器，但是随着国际情势的转变，已不符合军事上的需要，却需有昂贵的资金投入才能予以维持，于是到了 1990 年之后，美国军方把这样的设备开放给民间业者与科学家来使用，一方面分担沉重的财务压力，一方面也促成了海洋声学研究的蓬勃发展。

今天，全世界的海底都纷纷布下这些利用海底麦克风与海底电缆所建构的监测网络，在欧洲称作 EMSO，在加拿大称作 ONC-NEPTUNE，在日本称作 JAMSTEC-DONET……各自担负着不同的职责，从国防、地球科学、鲸豚研究……通过海洋传来的音息，竟也引起百家争鸣。中国台湾地区虽然发展得比较慢，却也在 2011 年花了台币四亿元，在东部外海二百公尺水深处，架上了第一支固定式水下麦克风。然而，负责构筑

这座海底电缆观测系统的，并非学术研究机构，而是中国台湾气象局。

到底海底的哪些声音，引起了气象人员的关注，在陈教授的指引下，我写信给两位重要的气象人员——地震测报中心的课长林祖慰与技正萧乃祺，希望他们能指点迷津。

我们约在气象局见面，也就是每次在电视屏幕看到灾情说明的画面，亲临现场总觉得跟想象有些不同，倒是看见有一整面墙展示着东部海域电缆式海底监测系统的示意图像，这个计划又称“妈祖计划”，是出自于英文名字 MACHO（MArine Cable Hosted Observatory）的谐音，也是气象局目前最重要的成果之一。

地震，是台湾地区人们最害怕的天灾之一。根据研究，台湾地区每年可以侦测到两万次以上的地震，许多震中的位置都在东部海底，2004年发生的南亚海啸震撼了世人，加上台湾地区海底火山与地壳板块的运动频繁，需要更积极的监测，于是中国台湾气象局决定在宜兰头城外海四十五公里，也就是苏澳港附近海底二百八十公尺深处，架设一个观测平台，连接地震仪、海啸压力计、水下麦克风以及盐温深仪（CTD）等许多仪器。

为什么选在“头城”登陆？林课长回答：“我们先调查了所有电信业者拥有的海底光纤电缆上岸的地点，再配合地震最容易发生的区域，因此选择这个地点。”成本，永远让人学会妥协。为了减少成本，中国台湾气象局租用了中国台湾“中华电信”在头城的机房，让海底所搜集的信息可以立即传回气象站。

但是就地震测报来说，这样的系统可以带来什么直接帮助？萧技正一面指着屏幕上传回来的大地讯息，一面向我解释："如果是东部外海发生强烈地震，至少可以争取十秒到数十秒的应变时间。"十秒？听起来不是太长，但是对气象预报来说，哪怕多掌握一点点时间都是非常珍贵的。

基本上，MACHO 如果要预测地震，恐怕用不着水下麦克风，但是这样的水下设备却成了台湾地区海洋声学研究一个非常重要的基地，又称为"台湾东北角海底观测站"，简称 MONET（Marine Observatory in the Northeastern Taiwan），因为通过麦克风二十四小时连续录音，档案数据非常庞大，因此都被储存在头城机房的计算机里，陈琪芳教授的团队过一阵子就会去把数据拷贝出来，带回去进一步研究。而这些声音数据库，也会同时开放给几位声学实验室的学者共同使用。大家各取所需，研究主题包括了水下通讯的研发、海洋物理的分析，及鲸豚生态的调查，这都通过 MONET 获得非常重要的声音素材。

从 MACHO 到 MONET，我真的很佩服学者命名的功力，除了要投身科学研究，还得花心思为自己的研究计划定出一个响当当的"名号"，来方便记忆与传达。

不过最让我感兴趣的，是这支架在黑潮中的水下麦克风，究竟可以听见什么声音？我知道，如果要解答这个问题，得去拜访另一位专家，那是下一段旅程的开始。

鲸豚纵歌

叁·动物之歌

对我来说，谈起黑潮，就有一种深刻的家乡情怀。虽然也搭过赏鲸船去到黑潮流经的海域欣赏鲸豚的身影，但从没想到通过声音，可以知道更多黑潮底下的秘密……

五月的风，在台大校园掀起滚滚的绿色波浪，众生潜行，在树海中穿梭入岛。我匆匆赶赴，因为约了林子皓见面。几个月前，我曾在西西里岛的研讨会中，听过他发表的研究报告，那是关于如何利用“中国台湾东北角海底观测站”（简称 MONET）提供的声音，来了解中国台湾东部海域鲸豚族群的状况。我不知道现场有多少外国人了解黑潮，感受过黑潮？对我来说，谈起黑潮，就像是谈起玉山，有一种深刻的家乡情怀。虽然也搭乘过赏鲸船去到黑潮流经的海域欣赏鲸豚的身影，但是我从来没想到，通过声音，却可以告诉我更多黑潮底下的秘密。

好几年前，子皓就曾经上过我的“自然笔记”节目，讨论中华白海豚的研究，大概从 2007 年开始，子皓加入了台大生态学与演化生物学研究所周莲香老师的鲸豚实验室，最早是由声音来辨识中国台湾海峡上的鲸豚种类，后来甚至通过水下的声学研究，来了解鲸豚洄游的路线与觅食行为。从大四一直到博士后研究，子皓始终在这个领域中累积自己的专业，特别是离岸风电场的开发，正好与白海豚活动范围重叠，因此子皓目前所关注的，不仅是台湾地区的东部海底，也包括了中国台湾海峡之下的声景。

起步中的鲸豚声学领域

几个月不见，子皓还是老样子，只是手指上多了一个戒指，原来他上个月成婚，是刚出炉的新郎官，难怪满面春风。我赶紧向他恭贺致意，好奇他怎么这么早成婚？“我已经三十岁了啦……”子皓一面摇头，一面赶紧向我解释，我打趣地说：“可是看起来很幼齿啊。”我望着子皓，明白了一件事：台湾地区鲸豚的研究，特别以声学的领域而言，就跟眼前这位学者一样，还非常年轻。

中华白海豚的调查，原本是关心它的族群量，这种还不到百只的生物，已经陷入濒临绝种的困境，2009 年子皓在云林六轻附近，也就是新虎尾溪的出海口，利用当地一支已经架在海中用来观测天气的海气象桩为基地，布下一对可以观测海豚出现与洄游方向的水下麦克风，经过一年半的监测数据，他发现中华白海豚并没有一般陆地生物所谓日夜出没的规律习性，它的觅食模式主要是随着潮汐来进行，也就是涨潮时会随着潮水来到河口觅食，退潮时则会随着潮水游回海洋。

子皓说，这些白海豚主要是在水深十五公尺以内的海域出没，而大部分离岸风机设置的地方都超过这样的水深，虽然不在其主要的活动路径上，但是未来离岸风电场从施工到营运，都会产生很大的噪音冲击，对这些海洋哺乳动物究竟会带来什么样的伤害？也正是子皓研究的内容。

当然，了解鲸豚的感官是第一步。我想起在西西里岛遇见的美国海洋生物学家凯特（Darlene Ketten），她最著名的事迹，就是通过解剖搁浅海豚的头颅，发现它们的听觉系统受到严重伤害，用这些证据来控诉军方的声呐武器造成海洋生物的死亡，在此之前，人类从来不认为自己要为这群生物的悲剧负起责任。

高频海豚 VS 低频大翅鲸

通过生物声学的研究，科学家发现鲸豚感官的秘密，也开始警觉到许多鲸豚搁浅事件，跟水下噪音有着密切的关系，因为它们的听力非常灵敏。而鲸豚发声各有其结构的特质与限制，基本上区分成齿鲸与须鲸两类。齿鲸能发出一种广频的脉冲性嘀嗒声（click），声音频率比较高，甚至超过 300 千赫（KHz），人耳可以听见的最高频率只到 20 千赫，这些声音就像是声呐的功能，可以侦测前方物体的大小、位置。海豚都是属于齿鲸类，它们还会一种哨声（whistle），这种声音可以作为个体辨识或是情绪的表达。而须鲸并没有齿鲸的声呐高频的声音，它们发出来的声音频率很低，有些会低到 20 赫兹（Hz），是人耳无法接收的范围，但是可以做长距离的沟通。最有名的大概就是大翅鲸的歌声，因为多变的旋律起伏，让人类为之着迷，通过学者的研究还发现，大翅鲸这种生物每一年都有年度主题曲。也就是说不论是在太平洋、大西洋或印度洋上的哪个角落，各地的大翅鲸都会传唱同一首歌曲，而且到了下一年又会流行不一样的歌曲，这种现象正因为它们拥有无远弗届的低频声响，可以展现出这种文化传播的学习结果。

而根据子皓的研究，中华白海豚对于 32 ~ 54 千赫的声音最为敏感，它的哨声主要是在 1 ~ 35 千赫的范围，特别是 1 ~ 10 千赫是它广泛使用的频段。未来离岸风电场产生的噪音，有可能造成这些生物听力衰减，或是情绪性的压力……面对可能发生的问题，必须要有预警性的防范措施，包括建立白海豚的活动预期模式，作为施工期的参考，规划出安全区和安全时段，以避免对中华白海豚造成无法承受的永久伤害。

中国台湾海峡底下的声景

但是离岸风电场的设置，不仅是海洋生物学家关心，当地渔民也非常关注，担心是否会影响未来的生计。子皓认为，台湾地区海峡底下的生物原本就已经岌岌可危，也许可以趁势划为特定保护区，反而帮助海底生态休养生息。

究竟在台湾地区海峡中，还存在着什么样的生物？子皓同样通过几台 SM2M 水下麦克风，听见各种有趣的声音，包括一整群石首鱼，也就是小黄鱼的声音。这种鱼在清代即有此描述：“四月间，自洋群至，绵亘数里，声如雷。”这番雷声，过去还没有渔探机的时代，渔民光用耳朵贴在船舱，就知道鱼在哪里，可见族群之大，然而盛况不再，今天得把麦克风拉到水下才能有所听闻。[14]

另外也录到了海鲶这种底栖鱼类的声音。我无法想象在台湾地区海峡的水下，还有群鱼合鸣的奇特旋律。说鱼会叫，我想大部分的人都没听过，不过一位朋友跟我说，他有一次钓了一条鱼，就听见那只鱼叫起来，好像在对他求饶，于是他从此封竿，再也不钓鱼了。后来我问了著

我们只能在海面上赏鲸，但水下麦克风却可以掌握更多讯息。

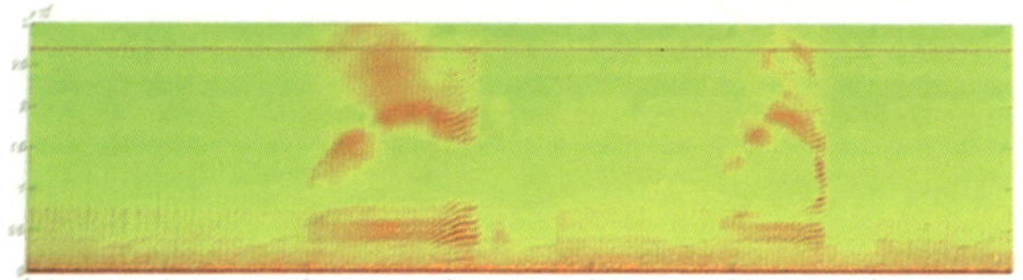

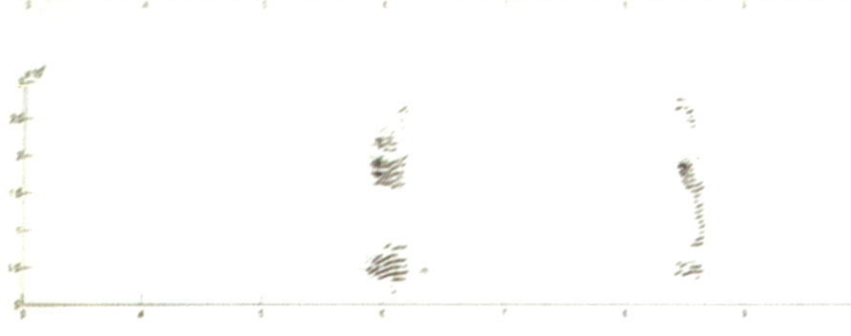

1 子皓向我解释如何记录中华白海豚的声音。

2 声纹分析显示了生物声音的特质。

名的鱼类声学学者严宏洋教授，才知道鱼会利用鱼鳔周围的肌肉震动来发声，或者摩擦身体坚硬的部分来制造声响。这种声音也有其功能上的意义，比如求偶，但是会不会应用在求救，我就不得而知了。

相对于台湾地区海峡底下的声景，黑潮下又是一个全然不同的世界。因为地形、水深、洋流等条件都不同，当然来此造访的生物也十分迥异。

子皓通过那支放在苏澳海底的水下麦克风，有了非常有趣的发现。

从声纹探知黑潮下的秘密

这里虽然是海底二百八十公尺的水深，但是附近刚好遇到海脊的地形，洋流会有涌升的现象，这本身就是鱼群汇集之处。子皓从二十四小时的声音侧录中发现，这附近的鲸豚摄食，有明显的日夜区分。它们特别会在晚上六点到十二点之间，聚集在这里觅食。造成这种现象背后最大的因素，正是受到深海散射层（deep scattering layers，简称 DSL）的影响。

这是科学家最早用声呐去监测深海时，发现有一层浓密的声波反射层，白天会在二百公尺以下的深海，傍晚则会上升到比较浅的水层，原来这群会移动的声波，是由一群深海鱼类，像是灯笼鱼、巨口鱼，或是磷虾、乌贼、水母所组成的。它们集体移动，主要是为了躲避白天在水面活动的掠食性动物。但是在海洋中层洄游的鲸豚，也很清楚这些生物的活动习性，它们会在这个时间等待大餐出现，而它们享受佳肴的过程，全都被录音下来。“那些鲸豚，种类多得我们也弄不清楚究竟是谁发出来的声音。”子皓所描述的声景，让我对黑潮有了更透彻的理解。

这些声音，通过计算机的自动辨识系统，获得全面的解读。子皓发现，每年春季与冬季，是鲸豚来此聚会最热络的季节，反而夏季我们到海上赏鲸，是黑潮上鲸豚洄游的淡季。

除了这群鲸豚的声音外，子皓希望未来对于黑潮下的声景，有更多的研究。不过他在跟我解释黑潮下的声响时，却是通过视觉来传达，他指着计算机上的声纹，比对旁边的数字，用这些讯息为声音定位。我笑着说：“原来生物声学的学者是‘看’声音，而非‘听’声音。”子皓说：“没错，因为这才是最精准的判断。”

或许我太过浪漫，不论它是谁，我知道我对那样的浪游纵歌都极为神往。那一连串不为人知的秘密，将通过那道海缆线，层层传送到世人的耳里，仿佛重新聆听血脉下的汩汩旋律，从大脑穿透心灵，带来一种全新的撼动。

肆·缤纷耳界

肆·缤纷耳界

倾听的艺术力

或许因为陌生，那些我们习以为常的背景声音，艺术家都忠实记录，并且毫无禁忌与限制地发挥创意，发展成一崭新跨界的立体作品。

对于创作者而言，往往通过颠覆感官，来展现另类的思维与主张，让观者经由这些体验，触动更多内在的灵性空间，进而丰富生命的感受层次。当我走在北美馆，欣赏瑞士《帕克特》(*Parkett*) 杂志与一百九十位艺术家共同合作，超过二百二十件作品的展览时，仿佛看到全球当代艺术创作具体而微的缩影。

冷气在展示间里流窜，大胆炙热的影音向我簇拥而来。对参观者而言，艺术欣赏毕竟是极私密的收藏，正如旅行的过程，所有的收获都得跟自我经验进行互动，并重新融合创造。

声土不二，台湾地区地道声音的启发

我让意识自由穿越，却被其中一间的田野声音所吸引，那是一种既熟悉又陌生的混合感受，我不由自主地走入一个奇特的现场，惊喜地发现这里居然是澎叶生（Yannick Dauby）和他太太蔡宛璇，及许雁婷的创作空间，作品称作《声土不二——嘉义声音再生计划》，是澎叶生花了十二个月的时间，采集嘉义县十八个乡镇的各种声音，完成了多声道的声音装置作品。澎叶生希望通过听觉，传达超越视觉以外更丰富的想象，让这些田野素材有更多元艺术的诠释。

多年来，我的广播节目中有一个“声音纪录片”单元，虽然我有二十年拍摄纪录片的经验，然而，单纯通过声音来展现纪录片内涵，对我来说更具挑战，那是一种全然不同的说故事方式。因此我很好奇，澎叶生如何利用“声音”来创作。

这个作品所揭示的主题“声土不二”，其实是出自“身土不二”一词，本为南宋僧语，后来在日本食养运动被定义为“人应当多进食身处的土地所生产的食物”，近来也被诠释成一种当地精神的表征。而澎叶生所关注的，正是台湾地区地地道道的环境声音，包括自然与人文的层面，有些是我们习以为常的背景，有些是被我们忽略的细节，不论是传统乐器的演奏、市集商贾的叫卖，或是自然野地的天籁，都被艺术家忠实记录，并发展成一个崭新的立体作品。

因为嘈杂，听觉经历更多层次

澎叶生是法国人，就跟我认识的许多录音师一样，有种沉静温柔的特质，他的中文名字“澎叶生”，蕴藏了很多不同的含义。其中的“澎”，包括了太太蔡宛璇是“澎湖”出生的女孩，也意味了无论是澎湃

1 | 2
3

1 正在收录青蛙声。
（澎叶生提供）

2 澎叶生和宛璇来上我的广播节目“自然笔记”。

3 “声土不二”的展场。

巨浪或是轻掷落叶都是他关注的声响，总之，澎叶生是一位善于聆听的艺术家。他不仅在艺术学院担任老师，也在电台制作节目，在他耳里，所有的声音都可以成为鲜明活泼的创作元素。

比起台湾地区长期对声音的忽视，欧洲人在赏析与辨识声音上显得更加多元与包容。声音本身可以化约成简单的符号，通过这样的媒介穿透时空，不论是大地遗留的跫音，或是荒野中的一声喟叹，都可以为时代做见证，激起无数感动的火花。重点是，那样的声音书写，需要有鉴赏力的舞台，需要高品位的阅听大众。

澎叶生说刚开始在台湾地区录音时，发现一个地方同时可录到五六种青蛙的叫声，甚至还有些无法辨识的昆虫声音，让他觉得不可思议。因为在他的法国南部家乡，一个夏天顶多听到一种青蛙的叫声，而且所有生物几乎都被透彻研究，他很难想象光是自然界的声音，就足以揭示这片土地存在许多未知的谜团。🎧[15]

“那根本是一首结构复杂的交响曲。”澎叶生描述他在田野录青蛙和鸣时的感受。当然，以生物多样性而论，如果法布尔是生活在中国台湾，他的《昆虫记》恐怕可以做出超过十倍的分量。而澎叶生自 2004 年开始记录台湾地区土地的声音，从一个法国人的角度来看，台湾地区的确是个非常嘈杂的地方，随时随地都散播着各种不同的声音，无论乡间或城市，那样多层次的听觉经历，是他从未有过的体验。

因为差异，聆听的艺术向度更多元

或许因为陌生，这些声景带来的灵感与冲击，可以让他毫无禁忌与限制地发挥创意，把一切都当做某种音符来运用，在他的“蛙界蒙熏”声音个展中，他把莫氏树蛙与电子合成音乐混搭成一首跨界的曲目。他的理念是，如果躲不过噪音对环境的干扰，就用不同的方式来重新组合。于是工业化所带来的扭曲音律，叠合着莫氏树蛙连串的呱鸣，像是电影中的“暴力美学”，塑造出一种惊悚的游戏氛围，让人不得不抽离这些声音所带来的感官语汇，去重新聆听一段被虚拟的真实情境。

澎叶生记录自然声景，并非出自对生物的喜爱，而是对音律的着迷。相较于他所追求的艺术形式，我反而多了几分乡愁式的怀旧执著，然而从小我是在都会成长，就听觉记忆来说，自然天籁相伴的情境只是蜻蜓点水的片段记忆，但是车马喧嚣的城市氛围也非我习惯的背景。我之所以热爱自然音乐，应该是从开始认真赏鸟为起点，决定拿起指向性麦克风为滥觞，在声音的殿堂当中，我所期待的是一种考古式的声音追寻，也就是回到那一切喧嚣来临之前，一种对原始美好情境的思念，我期待能保有那本然的空间。

只是，那样的寂静，是不是一种意念中的想象？我究竟能在声音记录的场域中，找到什么样转折的线索？我证明这些转变，是为了唤起什么样失落的记忆？我想起之前看的一部电影《里斯本的故事》，主角是位电影的音效师，这是我少见用声音的角度进行思索的作品。片中德国导演文德斯（Wim Wenders）不断引用葡萄牙诗人费尔南多·佩索亚（Fernando Pessoa）的诗句，来表达创作的意念，他提到艺术家就是创作一系列思考的过程，我们唯一能凭借的只是记忆，而这些记忆可能只是一种幻境，无法呈现“真实”。人唯有通过聆听以及摒弃视觉，才能真正“看见”。（I listen without looking and so see. — *The Book of Disquiet*）

然而，我所要掌握的寂静，绝非思想上的辩证，而是对自我的省思，一种审度环境的感官开启。我相信人类对环境的压迫，促使这样的节奏被迫退席。我相信有些声音，是伴随着演化而来的旋律，是能促成我们内心世界达成共鸣的神秘锁钥，至少，我相信学习倾听寂静的过程，将会带来温柔却又坚定的力量。而活在复杂声音世界的我们，有足够的机会来锻炼这份能力。

我决定从这个方向来寻找答案，我知道那样的声音，不只存在于大山大水之间，还有我们脑海中涓涓细流的幽微脉动，而且那样的声息互动，将不再只是被遗忘的传奇，而是建构起自然万物彼此相依的重要联结。比如说，科学家发现有一种“粉红噪音”，居然可以提升人的专注力，甚至让人安眠。所谓的“粉红噪音”，指的是一种类似大自然中微风轻拂的声音情境。而今天有越来越多的人，开始寻求音乐治疗来帮助身心灵的修复，这一切究竟透露了什么样的讯息？这段旋律才刚启奏，我得好好聆听下去。

声音的裁缝师

越来越多的野地录音师，开始用他们新的美学观点，设计出有别于视觉所带来的动人飨宴，在那些声音的展演中，所有细节与想象，都需要被重新认识与建构。

1997 年的 9 月 6 日，“自然笔记”在教育广播电台开播，这是我第一次“创业”，没有任何获利模式（business model），也无任何“商机”可言，相较于电视影像的优势，这样的声音制作工作，其实是很难谋生的差事。后来我才明白，我走上了一条“独立制作”（freelancer）的路，所有的舞台都得自己去张罗，而我也用了我所有其他的专业（文字、影像、演讲……），来养活这个广播节目。

“自然笔记”至今换过三次片头。回顾当初第一个片头，似乎就清楚记载了最早的起心动念：

“有一种声音一直在你心中盘旋……在城市中，你需要将心情还原到最初。现在，就请你准备好你的笔记，和我们一起，与天地间的万物展开对话……

自然笔记，让范钦慧带您用听觉来素描大自然。”

“用听觉来素描大自然”，原来我早已把声音当成颜料来运用，每一集节目，都是我挥洒的画布。然而，跟一般节目不同之处，我喜欢的“颜色”，多是来自田野的采集。就制作成本来看，交通、住宿，还有昂贵的录音器材、录音带耗材，是一个非常大的支出。对当时的我来说，是不小的经济压力。但是我心里很明白，制作节目其实是手段，真正的目的是到野外，去跟我想听见的声音靠近。

大型盘带，考验手感与听功

记得刚到电台工作那时，还是用大型盘带录音，跟我在大学所学一致，所以处理起来没有任何门槛。那时的机器，修剪内容必须要靠耳朵的听功，也要靠一些手感，才能修剪得精准漂亮。而且开始工作前，还有一套基本仪式要进行：比如把预录的盘带先消磁，确定你的带子是空白的，再拿一根棉花棒沾些酒精，把录音磁头擦一擦，去除掉残留的褐色磁粉等。为了讲究录音质量，这些基本功是不能免的。

不过最刺激的，应该就是混音作业，有时甚至要请好几个同事一起帮忙按 CD 或是录音带的播放键，才来得及让各种音源一次混音进来，过程简直是惊心动魄，需要考验彼此的默契，所以你经常可以在录音间听到有人喊着：“等等等……好了好了，快到了快到了……准备，按！”种种声音在我脑海中仍然非常鲜明，相信这对现在习惯用鼠标拉档案的时代是无法想象的。更早一点的记忆，是我大学那个年代，还在放黑胶唱片的时期，其中最重要的技术在于要把唱针对得准，也就是要不偏不倚地放在两首曲子之间比较深的沟槽间，否则播音员话一讲完放下唱针，结果手眼不协调地落在前一条曲子的尾奏，或是错过了这首曲子的前奏，那就糗大了。

除了录音间的后制记忆外，在野地录音又是不同的一大挑战。“自然笔记”是一个着重于田野录音的节目，为了录大自然的声音，我购买的第一台专业录音机是Sony的TC-D5M，这是一款录音质量很好的携带式立体声的卡带录音机，搭配的麦克风就是人称铁三角（audio-tdchnica）的AT815b的电容式指向性麦克风，这种麦克风可用来访问，也可录比较远的声音，比如树顶上的鸟叫声。

从传统到数字，上山下海的田野记忆

这套设备陪我走遍大江南北，最早在兰屿录到嘟嘟鸣（兰屿角鸮）跟绶带鸟的是它，第一次在富里森林录到朱鹂声音的是它，跟着我一起登上玉山山顶的也是它，这套设备对我来说有着非常深厚的情感，它帮我记录了那些最初、也最难忘的声音地标。我还记得开始录鸟音时有一种强烈的狂热，经常五点钟不到就守在乌来或是关渡等着鸟起床，每录到一种声音，就赶紧通过望远镜把它的主人公找出来，然后早上八九点，当人类开始活动，我就会睡眼惺忪扛着机器，带着满足的微笑回家补觉。🎧[16]

回想当年的疯狂，其实我更怀念那份非常幸福的感受。人声鼎沸之前的清晨声景，总是让人沉醉，而我的生命也由原本的云淡风轻，逐渐来到另一种喧哗的阶段。

后来随着录音工程技术的发展，周遭的朋友开始换成 DAT 或是 MD 录音，虽然 DAT 的声音质量比较好，但是因为电台提供 MD 的播放设备，于是我也换成 HHB 的 MDP-500 的专业录音机，这是我最早使用的数字录音机，最明显的改变是录音带尺寸大小与更为灵巧方便的管理。这套机器陪我去录过黑潮的声音，录过台湾地区渔民的故事。

带着浓浓海洋记忆的这台录音机，后来却被小偷从我书房搬走，我从监视器画面看到两位年轻男子砸坏我家那老旧的大门锁，不疾不徐地把我最值钱的家当——那台 HHB 录音机、照相机、莱卡的望远镜一次搜刮殆尽，让我损失惨重。他们知道那是一台专业级录音机吗？他们会听见里面那张 MD 吗？他们懂得欣赏我在野外收录的声响吗？看着那两个窃贼背着我的野外背包，还一副神色自若的模样，真的让人咬牙切齿。到底这台录音机流落何方？买走它的人会拿去录什么声音？这个新的买主可知道有一个录音师一直默默怀念着它？

文武兼修，野地录音师的追寻

拿走了我的录音机，对我来说，真是一次惨痛的打击，但是录音岁月并未因此终止。几年后，中国台湾整体的录音环境朝数字发展，我的录音机也改成用 CF 卡录音的器材，这台 Sound Device 702 的数字录音机，几乎是目前全世界野地录音师的首选，即使在天寒地冻的极地录音也不会当机。刚开始使用时，我发现它跟我过去所用的录音机全然不同，就像是我开了一部高级跑车，但是我的驾驶技术与专业知识远远配不上如此高档的性能与装备。

这是我最早自己手绘、设计的“自然笔记”宣传海报。

1
2

1 早期录音是用盘带剪接。

2 我在野地习惯用指向性麦克风，比较机动。

如何在野地录好声音，成了我重新学习的课题。台湾地区的野地录音工作者的作品，有时会收录在中国台湾“国家公园”或林务部门的出版品中，这类声音着重辨识的功能，包括鸟、蛙、蝉、虫，大体上你都可以找到一些相关的解说与记录内容。另一些野地录音作品，则是作为音乐的搭衬来呈现。大部分的听众比较少有机会单纯从野地的自然本质来聆听赏析，也不明白录音师怎么收录这样的声音。基本上，录音工作——不论是录交响乐、合唱团，甚至野外的虫鸣鸟叫——都是非常专业的录音工程技术。但是对野地录音师来说，除了要具备很好的器材设备、录音工程专业知识、独特的美学品位，还要有很好的体力与耐力。

我想只要在野外录过音的人都能体会那份艰辛，既贵又重的器材，遥远的山路、无穷无尽的等待……若是有机会看到那些趴在土里、爬到树上、躲在灌丛中一动也不动的录音师，你就明白野地录音需要独特的人格特质。更何况所有野地的歌手，都不会听从你的指挥，任何完美的鸣唱声都必须配合机缘与等待，录音师跋涉千山万水去追寻音律，若没有足够的信仰与对美的痴迷，是不会走上此途的。

台湾地区野地录音应该逐渐朝下一个阶段进行，过去我们总觉得声音是一个被视觉淘汰的过气产业，我们对于声音的想象，除了流行音乐，并没有太多创作的空间。而越来越多的野地录音师，开始用他们新的美学观点，设计出有别于视觉所带来的动人飨宴，在那些声音的展演中，所有的细节与想象需要被重新认识与建构，你会发现那一幕幕大自然的情境，竟然道尽了田野中的优雅、哀伤、欢愉，就像是一首首让人感动伤怀，又意味深远的歌曲。

声景对照，细听时空的话语

野地录音最重要的挑战，就是呈现录音师别出心裁的创意与视野。我曾经听过一部有声书作品《险境之声》(*Sounds from Dangerous Places*)，作者彼得·库萨克（Peter Cusack）通过声音，让我们来到那些“险境”现场，像是历经核能外泄、战争蹂躏，或是严重环境污染的土地上，在各种声音的铺陈中，去挖掘那不为人知的情节。其中一处就是受到核灾污染的车诺比电厂附近，原本的土地因为人类的撤退，居然给了自然修复与茁壮的机会，使得这里成为野生动物最缤纷的地区，这样的结果让人惊讶，同时也给了“险境”不同角度的诠释。

而近年来，我也在尝试通过不同时间的比对，来凸显声景录音可以对环境监测带来的意义。尤其是我拿出当年的录音档案，历经十七年之后重回旧地再度收录聆听，居然可以感受到时空的变化。

台北市承德路七段四〇一巷就是其中一个例子。这里是赏鸟人口中所称的“大同电子前的赏鸟路线”，介绍我这条路线的人是台北鸟会的创会理事长郭达仁先生。1997 年我第一次采访他时，认识了这条在他心目中最美好的自然小径，这条路可一直走到关渡宫，大概有五公里长，过去十几年来他跟一群鸟会的伙伴都最爱来此赏鸟。沿着基隆河支流的沿岸，有让他们难以忘怀的田园景致。后来郭先生于 2009 年因病过世，据说他辞世前不久还重游此地。当初因为郭达仁，我开始来这里录鸟音，后来没有多久，在台北鸟会义工的游说与催生下，于 2000 年陈水扁当市长期间，以高价征收土地，保护起这片五十七公顷的湿地平原。而一切梦想的完成，我相信这条“大同电子前的赏鸟路线”，无疑就是点燃那群鸟会义工热情的引信。

2013 年我重回旧地，发现原本的地标大同公司的大招牌已经卸下，取而代之的是富邦人寿的广告牌，原本的路线在前半段已被洲美快速道路从中横跨，从我的麦克风传来的都是低频的车流声，还有那些喜欢在高架桥下筑巢的八哥声响，以及四处施工的噪音，后面过了八仙里之后虽然风景美丽依旧，但是原本的赏鸟步道变成一条脚踏车道，呼啸来去的铁马，反映了现代人追求的速度感，我总想起的当年那群赏鸟人的身影，似乎已被骑车奔驰的人潮所淹没。🎧[17]

我把 1997 年的声音跟 2013 年的声音相互比对，发现了一个很重要的现象，就是那群在田园河畔出没的飞羽，唯有通过舒缓的节奏与宁静的旋律，才能让人心平气和地端详与欣赏。原来声音不单纯是背景，而是牵动我们内心深处的力量来源。

当我更深度看待野地录音工作时，我也开始搜寻新的录音后制软件，希望能建置自己的工作平台，没想到这个想法，却把我自己推向另一个新的战场。

时空变了，尽管景色依旧舒缓迷人，
过往“声音”恐怕早已不复听闻。

音乐梦工厂

在心灵贫瘠的纷乱世界中，我们的确需要音乐，但是也许不是那些可轻易大量复制的快餐商品，而是找回更多与人性、与生命联结的观点与感动。

入夜后，川流不息的车潮，让走在和平东路上的所有行人都感受到一种巨大的压迫。我脱离混浊的声场，钻进街角建筑物匆匆赶赴四楼，冲进一间录音后制作的大教室，里面放着各种看起来很酷的设备，比如多轨的录音设备、计算机、键盘、大屏幕……

这是一间音乐梦工厂，四周透明的帷幕玻璃，让外面走动的人可随时向内参观，像是某种展示室。老实说，在录音室工作多年，要重新学习一套新的计算机软件，最辛苦的不是工程技术，也不是音乐素养，而是我那搞不定的老花眼，因为老师在前面每做一步骤，我就得在自己计算机上演练一次，两副眼镜戴上换下，受尽折腾，而且常常跟不上课程的节奏与速度，大受挫折。

老学生重新拜师学艺

当然，来上课的人都怀抱着不一样的音乐梦想。我是班上最老的学生，就连老师都比我年轻。为了要管理我自己的录音档案，我希望能在家里设置一个工作平台，于是拜师学习这套 Pro Tool 101 计算机录音软件。我的老师是一位留着长发、穿着美式风格的马尾男——他就是非常专业的声音工程师 Frank 郑，郑旭志。

郑旭志毕业于波士顿的伯克利（Berklee）音乐学院，主修音乐制作与工程，曾经替台湾地区无数电影电视负责音乐与声音后制工作，实务经验非常丰富。但是要搞定这么多不同背景的学生，他算是很有耐心的老师，尤其碰到我这个既是“长者”，又对苹果软件与键盘不熟悉的生手，很感谢他不厌其烦的传授与指导。

从田野录音回到录音工程，我又回到声音裁缝的阶段。这套最新的计算机软件让我很惊讶的是，它具有的强大功能，能让你只需要动几根手指头，就可以指挥各种乐器，把五音不全的歌手音色，调整为绝世美声，还可随兴创作，让计算机帮你写谱。

好几次我们的功课，就是拿一首流行音乐来分析它的曲式。我听流行音乐比较少，但是几首曲子分析下来，发现有一些基本的模式，我甚至可以拿现成的架构来套用，再做一点调整改变，就像是拿别人的文章来剪剪贴贴，很快就可以“创作”成另一首曲子。

流行音乐，往往反映了当代的生活样貌与情感表达，有了这样的工具，显然降低了进入流行音乐创作的门槛，但是对这个时代的聆听会带

1 | 2
3

1 袁述中是我幼儿园的老同学。

2 郑旭志老师正在教导如何使用 Pro Tool 软件。

3 后制录音都已经“数字”化了。

来什么样的影响？究竟是谁来贡献我们大部分的人所聆听的旋律？要了解这个问题，我想起了一位昔日同窗。

曲折多弯的音乐之路

袁述中是我的幼儿园同学，真正的“老朋友”，几年前我们才在脸书上相认，我看到他经常分享各种跟着苏打绿在各地巡回的演唱会照片，知道他多年来在台湾地区的唱片界工作，很想听听他如何走出一条自己的音乐之路。

好不容易等到述中的空档，跟他约在工作室见面。“如果你以后 Pro Tool 有什么问题，就直接问我好了。我算是台湾地区最早一代开始使用这套录音软件的人。”述中一面介绍他的专业设备，一面颇为自豪地对我说。虽然我们曾经是同学，但是从来没有机会深谈。述中告诉我，他喜欢音乐的种子，从高中时代就已经萌发，打从一开始听民歌，他就注意到歌曲背后的配乐伴奏方式，然而他就像我，像那个年代无数的孩子一样，被升学主义逼着向前走，一路考上建中、成大地球科学系，幸好后来参与乐团，越来越确定自己的喜好。好不容易熬到毕业，终于回头去寻找他的最爱——音乐。

述中说，最初他因机缘认识了中国台湾著名的音乐制作人杨明煌，通过他的协助，应征了几家唱片公司，虽然对音乐事业怀抱憧憬，但是毕竟所学非用，所有的面试都石沉大海。1992 年，因为一家新成立的唱片公司“超音波”需要人手，述中就从一万二的工资入行，由帮忙送快递和处理杂事的学徒开始，从头接受所有严格的录音制作训练，但是他一点也不以为苦，反而乐在其中。

当时台湾地区的唱片界虽然已进入半模拟的时代，但是还在用大盘带录音，不像现在运用计算机软件，就可以轻易修剪。以当时的设备，录不好就得全部重来，增加制作成本，所以相对来说，对歌手音乐技巧的要求就比较高。

不过，流行音乐毕竟是迎合商业市场的产物，唱片公司用心包装一张唱片、一位歌手，能不能赚钱还是主要的考虑。而整个音乐制作也像是一套制式的生产线，从词曲创作、编曲、混音，大家都是分头作业，不需要见到彼此，只要以计算机传送档案就可以完成，要说在制作一首曲子的过程会带来什么情绪激荡，恐怕是过度浪漫的想象。

自然孕育的绝妙音场

但是述中也提到了他多年来最难忘的一次工作经验，就是帮林生祥录制《临暗》这张专辑。他说，那次录音并不是在专业的录音间，而是借了淡江大学一个小小的演奏厅，所有状态都是非常艰难的。整个录音过程中，林生祥自己边弹着吉他边唱，旁边还有口琴手、贝司手、三弦手、琵琶手一起演奏。编制虽然简单，但是他听到的是彼此之间的默契，一种情绪的融合与交流，甚至有人弹错，陪着重新来过的体贴；那样相互配合的过程，反而让述中找回一份对音乐的真实感动。

原来音乐要动人，除了技巧，还有那溢于旋律的人性展现与真挚情感的流露。据说这张专辑的编曲过程，是在蝉鸣鸟啭的山坡林中，有着大冠鹫盘旋啸鸣的三合院里完成的。自然环境带来了音乐创作的能量，那是躲在有空调的录音间所没有的力道。

这让我想到美国人类学家费尔得（Steven Feld），针对巴布亚新几内亚海拔二千五百公尺波沙维山麓（Bosavi Mt.）的 Kaluli 族所做的田野调查，让我们听见了这群生活在原始热带雨林中，人口只有一千二百人的少数族群，如何通过音乐，展现他们与自然环境的深刻联结，大自然中的虫鸣鸟语，甚至风声水声都融合成他们多样丰富的音乐文化，大自然在 Kaluli 人的耳里都是音乐，那是超越任何多轨录音间所能创造的绝妙音场。

我从菲尔得收录的声音中，不仅听到声音繁复多样的雨林现场，还听到 Kaluli 人独特的唱腔与自然音律相互搭衬的动人展现。根据人类学家的研究，同样创作的音乐深受环境声景影响的族群，还包括在巴西亚马孙河畔的 Suya 族、马来西亚的少数民族 Temiar 族，通常这些原始民族因为跟外来文明接触较晚，还保留很多当地的创作元素，特别是从环境中丰富的动物声音去取材。

很有趣的是，在 Kaluli 人的解释中，水是创造歌的元素。水声四处汇集，在不同的地理环境创造独特的声响，所有歌曲都在其中相互震荡回唱着。因此“创作一首歌”就如同“让瀑布灌注在你头上”。所有 Kaluli 人喜欢接近水，坐在小溪畔经常能带给他们创作的灵感。🎧[18]

读到这些人类学的研究让我深受震撼，原来我们失去了雨林，竟是失去那无数动人的音乐现场，与各种难以重现的伟大作品，与更多失落的创作心灵。我慢慢理解到，无论我们拥有了多么先进的科技工具，更重要的，是不能失去对音乐最原初的感受力与创造力。

在心灵贫瘠的纷乱世界中，我们的确需要音乐，但是也许不是那些可轻易大量复制的快餐商品，而是找回更多与人性、与生命联结的观点与感动。

有歌自山来

肆·缤纷耳界

如果要我选择中国台湾版的“一平方英寸的寂静”，大概就是这里了。我想把这里当做一种聆听教室，一种学习倾听、感受寂静的场域。

若不是因为要录音，我绝对不会这么早起，当然，也绝对遇不上这样的风景。生命非常奇妙，你不知道你做了一个选择后，将要面对的是一连串的“邀请”。虽然从来没有人要求我做这些事，更没有人拿着钱雇我去行使指令，这是一个没有前例可循的梦想，我得不断地说服别人，想办法拿出证明……但是当我来到山上时，我甚至有一种感觉，它们似乎早就知道我的到来。远山霞云飞瀑，满山野的玉山悬钩子已经成熟，此般景致招待，是如何精心的设计与布局，我亲临其中，深受恩宠。

澎叶生走在前头，他人高腿长，对收录大自然声音有极高的热情，为了不成为他的负担，我总是要他先走，然后慢慢地跟随在后，录音工作适合单打独斗，因此尽管我们结伴上山，还是要尽量各自作业，我知道对艺术家来说，保有自己的空间与独立性，尤为重要。

许愿石燃起的梦想

澎叶生是位声音艺术家，跟其他我所认识的野地录音师不同之处，在于他对大自然的音律，有着非常独特的美学观点与国际视野。在台湾地区，我们听到的自然野地录音，多数还是非常有功能导向，或是当做情境音乐的陪衬。但是当我想要以推动保护“自然声景”为目标时，我需要的是一个可以实验的舞台，一项可以落实的行动，一群可以合作的伙伴。澎叶生跟我志同道合，我邀请他一起到太平山上的步道录音，同时加入为推动“寂静山径”而努力的行列。

上山调查录音只是一个起点，事实上，为了这个理想，我已经花了一年的时间来说服林务部门。

时间要回溯到最源头，这个梦想跟戈登·汉普顿有很密切的关系。2013 年 3 月，当我那颗曾经在美国的霍河雨林，也就是戈登的“一平方英寸的寂静”的据点待了两个月的许愿石，又被戈登寄回到我手中时，他曾经跟我说了一句话：“寂静将会回家。”这句话，宣告了我的抢救大自然声景的旅程，同时也在我的心中燃起了一把火。

戈登为了让我充分了解这颗来自中国台湾的许愿石在美国经历的一切，他拍了很多照片以及影像，让我仿佛跟着这颗石头一起走进那片戈登心中的寂静圣殿，我望着那片从未去过的森林，直觉却十分熟悉。我想起 2011 年时，曾经帮林务部门执行过一个项目，也就是以一年的时间，走访台湾地区十二座森林游乐区，除了写书，同时录音，我完成了一本《离家出走——一起去森林》的有声书。由于这个工作经验，我对森林游乐区内的步道做了完整的调查，也因此当我看到“一平方英寸的

1
2
3

1 鸟瞰翠峰湖。

2 为了完成“寂静山径”的梦想，我需要组成一个团队。

3 我邀请澎叶生一起到太平山的步道录音。

寂静”时，会联想到太平山上的暖温带森林。

奥陶纪苔原，绝对遥远的想象

我联络到当年陪我在太平山上录音的巡山员——赖伯书，我们在中国台湾“国家”山毛榉步道一起工作时，伯书表现的敬业与体贴让我印象深刻。这条步道全长将近四公里，风景优美，地势大部分都很平坦。除了 11 月会遇到大批游客来此欣赏山毛榉的黄叶秋色外，多数时间都很寂静，鸟鸣声非常丰富，而且干净。我跟伯书说，我想把这条步道划定为“寂静山径”，保护这里的大自然声景，但究竟要怎么做，我还在摸索。

伯书看了我提供的美国霍河雨林画面后，他说：“范姐，我觉得太平山上还有一处更像你提到的地方。”于是在他的带领下，我来到翠峰湖畔。我记得十七岁时，参加了某个的活动，从兰阳溪河床走上山，足足花了六天时间，来到被云雾环抱的翠峰湖，那种缥缈诗意让正值少女情怀的我，沉醉不已。如今我年近半百，重回旧地，等待我的，却是一个更梦幻又神秘的现场。

沿着环湖步道走，转进岔路口，我们走上一个小山丘，原本开阔的视野逐渐被蓊郁的森林覆盖，底下的碎石步道变成了有防滑效果的钢条枕木，显示出这是一片非常潮湿的森林。

我毫无心理准备，就这样走进了这一称作“奥陶纪苔原”的森林。但是在这片桧木林中，无论“奥陶纪”或 “苔原”，都让人十分困惑。“奥陶纪”（Ordovician）是非常古老的地质年代，接在寒武纪之后，为最古老的脊椎动物出现的起点，开始于四亿九千万年前，结束于四亿三千八百万年前。这根本是中国台湾岛屿还没出生的年代，以此命名远超过故事开场的太古蛮荒，这是一种绝对遥远的想象，或许是因为这里的森林让人感觉到一种遗世独立的古老。我想我不大可能在这里找到三叶虫或是鹦鹉螺的化石，但是我的许愿石，却把我引导到了这样的现场，问题是，我该如何解读下去。

聆听教室，宁静与美好的赏音体验

伯书说，当初他看到戈登拍的照片时，就注意到一整片的苔藓，那是暖温带雨林的典型特色，唯有在潮湿多雨的环境，才能造就这样的景致。一如奥陶纪苔原，从树干到整片林地底层，都被各种苔藓植物密实包覆着，这样完整的苔藓森林，我是第一次在台湾地区森林中看到。伯书说，当地人曾经采集过泥炭苔给园艺业者，主要是用来养兰花。就我所知，它们可是日本庭院造景备受喜爱的素材，日本人认为庭院种有苔藓，才能展现宁静的气韵。

这里的苔藓种类非常多样，每一小聚落都可成为一片微型森林。这类植物就像是海绵一样，可以吸收比自身重量还重二十五倍的水分，饱水性超强。但是它们不仅吸水，我怀疑它们也会吸音。这整片苔藓让我想起录音间的隔音泡绵，从伯书带我踏入这里的那一刻起，我就感觉到一种难以形容的寂静感，安静到你仿佛听见了耳鸣。

我跟伯书说，如果要我选择中国台湾版的“一平方英寸的寂静”，大概就是这里了，因为这里的氛围会让人想沉淀下来。有别于戈登的做法，我想要把这里当做一种聆听教室，一种学习倾听、感受寂静的场域，我

相信，台湾地区森林游乐区内，应该要保有几条以聆听“自然声景”为主题的“寂静山径”，这些自然天籁可以成为保护的焦点、文化的资产，更重要的是，这是游客的权利，他们来这里游乐、休憩、享受芬多精，他们也应该有机会感受不一样的宁静质量，或是更美好的赏音体验。

我在脑海中酝酿起各种愿景，并主动跟罗东林管处的林澔贞处长联络，希望能跟她一谈。2013 年 5 月，我第一次带着我的许愿石，来拜访林处长，与她讨论我尚未成熟的想法，也想探探路，看看这样的梦想是否有走下去的可能，很感谢林处长非常有耐心地聆听我的长篇大论，她并没有浇灭我的热情，但是希望我能给她比较明确的企划内容，虽然没有任何承诺，但是我大受鼓舞，知道这件事不能说说就算了，如果要持续下去，必须组成一个工作团队。

就在同时，刚好长庚大学的余仁方教授主动来找我，他是声场测量的专家，主要关心各种噪音对人体的伤害。他说，谈噪音大家越听越烦；而我关心的大自然悦音，则让人越听越有趣。同样是关心声音，他认为也许我们可以一起合作。我灵光乍现，心想如果把他在城市测量噪音的专业搬到自然步道上来做，会得出什么样的成果呢？我跟余老师讨论，他也显得兴致盎然。于是，再加上澎叶生，我们的团队俨然成形。

过去十几年来的录音经验，我最熟悉的领域，主要都是来自生物声学的研究。但是，我逐渐发现，我所要做的事情，是邀请大家用听觉来欣赏大自然，关心大自然，除了要有科学的研究作基础，“艺术”的思考与设计，绝对是核心的关键。

于是，我把计划重新拟定，提交给罗东林管处。这次处长希望，我能把保护“寂静山径”的想法，跟他们目前希望推动的“森林疗愈”相结合。

与志同道合的伙伴一起上路

我想起之前访问的日本东京农业大学上原岩教授，他在著作《疗愈之森》中写道：“人类亲近森林会获得健康，在绿意盎然的森林中，倾听自然的声音，心灵与身体将豁然痊愈。”但是如何让人通过我所定义的“寂静山径”来获得所谓的“疗愈”，这是一个全新的思考，有无限的创意可能，却也充满了挑战。

眼前的考验是，无论我把梦编得多大，必须要有筹码来执行。但是现阶段我根本找不到资源，而罗东林管处同意支持我们三个月在山上调查的住宿安排，至于研究经费，我们得自己张罗。我跟澎叶生、余老师商量，希望他们愿意先跟我上山调查一段时间，看看到底我们可以搜集到什么样的数据，又能做出什么样的成果来证明一切。我非常了解要投身到一个创新的版图里，首先可能需要自我投资，等经营出一些格局之后，别人才会愿意进一步支持你。让我很感动的是，澎叶生跟余老师仍然愿意跟我一起为这个梦想而努力。

2014 年 6 月，我们展开了第一次的实地调查与录音，更开心的是，伯书也加入了团队，当然，他见证了这个梦想的起点，绝对是最重要的成员。

我们花了三天的时间，以太平山庄后方的原始森林，翠峰湖周围与奥陶纪苔原，以及中国台湾“国家”山毛榉步道作为调查样区。余

我的许愿石把我带到太平山上。

苔藓细看像是微型森林。

老师实验室来了三个人，在他们精密仪器的测量下，我们发现奥陶纪苔原居然只有24分贝，简直就像是“无响室”的状态，而且这里的清晨，鸟类只会在树冠层鸣叫，不太进入到森林中下层。而其他地区，清晨的山林鸟语丰富悦耳，我跟澎叶生录得开心。只是许多游客仍会造成一些环境的噪音，甚至有些团体会用扩音喇叭来进行导览，如果有机会让这里成为“寂静山径”，这样的行为都可能必须修正。当然，如何让我们的调查研究成为未来规划的基础，甚至训练一批声景保护员同来参与解说……虽然这是一条漫漫长路，我始终怀抱着信念，至少行动已经上路了。🎧[19]

我非常期待有一天能邀请戈登来到太平山上，一起欣赏我们这趟传奇的石头之旅。事实上，保护“自然声景”，在戈登这群先驱人物的倡议下，已成为美国国家公园正在努力的方向，包括对噪音的管理，提供游客更多欣赏自然天籁的导览信息，把自然声景纳入森林资源的管理，不论从生态面、环境面、艺术面……都呈现了更深度的论述风貌。我期待以太平山为起点，未来不论是森林游乐区、国家公园……甚至回到我们居住的城市，都应该从这个层面来进行规划与保护。

重点是，当我们能回到自然中学习聆听，欣赏寂静，我们将会打开这个感官，让自己更贴近真实，并愿意为这样的真实而改变自己。对我来说，要去成就一个理念与想法，必须以全新的姿态迎接面对。不过，我很清楚，那是超越激烈抗议的优雅出手，同时是混沌人世中的清晰应许，似乎多年的准备就要在此出发，尽管前方雾气蒸腾，我却清楚听到从“寂静山径”传来的美丽歌声。

肆·缤纷耳界

冉起一朵清静

我忽然明白，那沉吟在心底的小小召唤，正如高曼提出第七大声音疗法的秘密，用着轻柔的声响提醒着我：“声音可以改变世界。”

我坐在第三排，那台竖琴几乎就在我的正前方。当萨米耶·德梅斯特（Xavier de Maistre）一出场，优雅自信的姿态立刻引爆掌声。但是，当他开始演奏格利埃尔（Reinhold Glière）的降E大调竖琴协奏曲时，全场立刻屏息凝神，当一乐章还没有结束，我早已热泪盈眶。拨弄的琴弦，掀起我满心的汹涌情绪，时而如波涛起伏，时而如拂面微风，浪漫古典的旋律，通过竖琴这种充满灵性的乐器展演，令人听得如痴如醉。

难怪有人说，竖琴非常具有疗愈效果。我不知道自己是否被疗愈，但是绝对有更多的情感被解放。音乐之所以可视为一种治疗的方式，其实早有各种门派学说，一般都可以理解，许多音乐有助于我们放松、镇定、专注，甚至可以帮助我们走过心绪低潮，引导出内在的力量。

很多年前，我在爸爸生日的时候，曾经送给他一套可以“养生”的音乐。这的确是很具有卖点的营销包装，是否真有功效我不得而知，但是它是以中国的五声音阶，来展现所谓的五行概念，借由声波的震动，调理我们的五脏六腑。这些宣称具有疗效的音乐，不见得是编制伟大的作品，有些仅是简单的哼唱，或是一些单纯的音符，都能触动心弦，或得以抚慰潜藏的伤痛。

发声，与内在自我共振

其实过去医学不发达的时代，一些巫师会通过人声或是一些法器敲击来协助治疗。但是我第一次了解原来通过自己的声音，可以跟内在自我产生共振，是在上瑜伽课时。有时候，老师会带我们唱一段梵歌，表达内心的喜悦、祝福、平安；同时也告诉我们如何发出某些声音，来跟身体七个脉轮的区域产生共鸣，这就像是调音校正一样，因为我相信，身处在噪音的世界，我们身体的频率应该都已经紊乱失调，喧嚣是唯一音阶，不耐是唯一的情绪。只是没想到通过自我的发声，可以试着跟宇宙中小小的自己接轨，我闭目凝神，在层层声波的漩涡里，寻找到一朵清静，让它从我心底冉冉升起。

究竟声音怎么改变了我们？聆听自然的声景，又能带来什么样的疗效？

我想到最近接触的大卫·邓恩（David Dunn）的作品，他是美国非常著名的声音艺术家，深刻关注在自然界中所谓的音乐或是具有音乐性的声响，并提出各种独特的观点与辩证。他懂生物、懂音乐，更是感官的探险家，最让我佩服的，是他对于那些我们习以为常的声景，提出极为有趣的联想与引导，他所描绘的森林风景，有如我们在子宫中倾听母体的经验，潺潺溪流来自母亲血液与胃液的翻搅，妈妈说话的声音，就像是昆虫的鸣唱，她的吞咽声，就像是远方传来的鸣雷。同时，我们躲在母亲的羊水中，随着她的呼吸，一如在海洋上感受那潮来潮往的节奏。

这样的描述，仿佛侧耳贴近沙滩上的彩贝，那所有的秘密，都已经被记录在这神奇的密室中。原来倾听自然，只是重回我们跟这个世界联结的最初记忆。

从人类的生长步骤来看，十六周大的胎儿在母亲肚子里已经开始发展听力了，这就是为什么有人会提倡要让胎儿听莫扎特的音乐，因为从内到外，这个世界的声音，正在潜移默化地影响着那小小的生灵。然而视力是要等到人类出生后，才逐渐发展的感官。所以听觉是人类探索世界的起点，但是我们却用视觉来取代一切，如果一个人没有意识到这些声音的影响力，我相信，他无法获得内心真正的自由。

寻觅声音的疗愈配方

当然，感官荒芜久了，对许多声音早已无法体会，再多天籁美声，也无福消受。然而，倾听自然并不是只有美学的层次，还有可能带来疗愈效果，关于这一点，我又能找到什么样的科学根据？

有一位法国的耳鼻喉科医生托玛提斯（Tomatix），发现本笃会修道院的修士在吟唱格里高利圣歌时，这些高频的声音（大概 8000 赫兹）能为修士的中枢神经系统及大脑皮质充电。大脑本身是电力器官，能将电讯由一个神经元传给另一个。根据他的研究，头颅的所有神经都联结到耳朵，耳朵也联结到迷走神经（vagus nerve），这是人的脑神经中最长和分布范围最广的一组神经，会影响我们的呼吸、心跳与消化，也就是说如果我们经由适当的声音刺激，的确会造成身体的相关反应，甚至带来疗效。

但是这并不意味着高频的声音都受到欢迎，因为同样的频率，有许多人是无法承受的。

余仁方教授是长庚大学医疗机电所的副教授，也是耳科学实验室的负责人。他的专业领域是听觉照顾，以及预防听损的研究。我第一次见到他，是因为我们一起参加了“减噪取静”工作坊，余老师经常协助环保部门承接噪音场的测量，也曾经录制人的打呼声音，来协助耳鼻喉科进行诊断，我决定去拜访这位从工程领域关注听觉的耳科学专家。

“我们发现，许多人对于8000赫兹的高频声音是无法忍受的。”为了要了解人对听力的感受，余教授显然做了许多相关的实验。在他的实验室中，我第一次看到所谓的无响室。这是针对环境声场测量与研究所需要的实验设备，它的内壁全都安装了层层叠叠的模板，声波在这里是被消除的状态，我觉得那是一种很怪异的寂静，如果你在里面讲话，能听见的大概只有通过你自己的身体所传回来的声响吧。

不过，这种经验也不陌生，就算我们身处在喧哗中，有时也会遇见话不投缘的窘境，甚至你的热情却遭别人冷漠以对时，你都会觉得自己正处在无响室内。

相对于这样的无声，另外有种称作残响的反差设计，置身在那样的空间中，你会明白什么是“余音袅袅，三日不绝”。虽然这些实验室都是应用在一些机电工程、通讯还有建筑材料的测试，置身在那样的空间中，我也获得另一层次的领悟，那就是：如果一句话说出来被过度着墨时，有时也会模糊了最初的焦点。

身为听觉专家，余仁方可以掌握很精确的声音测量。他曾针对打靶训练造成的听力伤害，以及洗牙机对牙医师听力受损的现象进行研究。噪音防制是他努力倡议的主题，他写了一本教导大家如何避免噪音伤害听觉的书，但是这些年来，他也试图寻找声音的疗愈配方，并针对个案进行调配。

为了要了解人类对声音所产生的情绪反应，余仁方通过肤电反应与核磁共振的方式，来寻找声音从左耳或是右耳的路径，在左脑或是右脑所带来的变化。“我们想知道不同的声音剂量，在不同的症状下，可以有什么样的疗效。”余仁方的声音疗愈，就像是西药研发的过程，应用科学的方式来寻找药方，这样的研究令人期待，当然也必须禁得起各种考验。

通过宁静找到力量

不知道是否因为懂得聆听，无形中自己的声音也会变得柔和平稳？所谓“观其人，听其声”，我相信一个大声公是很难喜欢宁静的，听余老师讲话时，自然觉得多了一份安定与信任，这当中固然有专业背景的因素，也与他先天的人格特质有关。我想起一位美国声音治疗师乔纳森·戈德曼（Jonathan Goldman）所说的话，他相信，频率要加上心念，

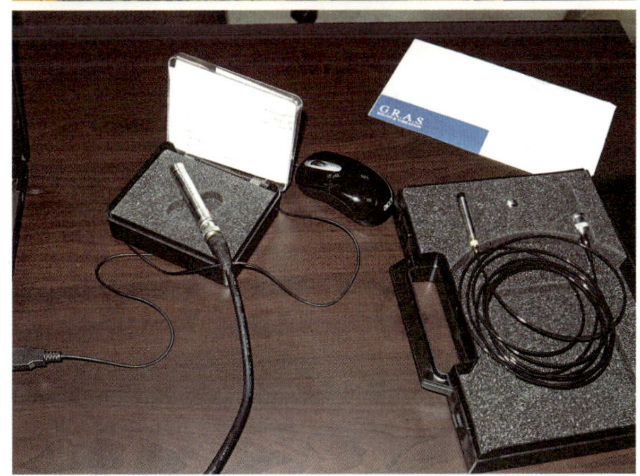

1
2
3

1 余仁方老师向我展示他的噪音分贝计。
2 这样的设计是让声音无法反射，形成所谓的“无响室”。
3 各种录音的麦克风。

来自自然的声响，常常都能触动人的心弦。

才会产生疗愈。

乔纳森·戈德曼曾经写过《声音疗法的七大秘密》(*The 7 Secrets of Sound Healing*)一书，他强调共鸣与心念的重要，也提到“寂静是金”，他认为能量不是声量所能发挥的效果，真正的声音道途是“通过宁静”，这才是最重要的力量。

我不知道余老师的研究，是否能证明寂静对人类大脑所产生的力量，但是我希望有一天那些带给我宁静的声音，能通过他的科学分析，找到更多人体反应的证据，去说服更多的人，学习打开自己的耳朵去森林中聆听天籁，而不只是去吸收芬多精，更重要的是，我们需要保护那样的声音场域，为一些身心困顿的人，提供自我修复，找回力量的机会。

我感受到有一些声音在我内心隐隐浮现，或许十七年前当我开始走进自然，正式走上一段自我疗愈的过程，以及为下一阶段的自己储备能量。

记得很多年前参与一个老树巡礼的活动，最后老师要大家抱抱老树，跟它道谢，并且仔细聆听它的心跳声，那是来自老树，来自我内心的拥抱。而老树的沧桑，老树的智慧，老树的气魄，换来的正是一段充满爱、尊重与感谢的音律。

我忽然明白，那沉吟在心底的小小召唤，正如戈德曼提出第七大声音疗法的秘密，用着轻柔的声响提醒着我：“声音可以改变世界。”

肆·缤纷耳界

自然声景的疗愈密码

自然元素“土、水、火、风、空”，正以奇妙的方式对我召唤，我期待能汇集更大的能量，把这样的寂静保护下来，让这样的感动，这样的聆听能够持续下去……

有时候我会觉得，自己什么都听不见。曾经有位朋友说，他听得见自己血液流动的声音；也有人说过，自己听得到蝴蝶振翅的声音。我曾经蹲在那满天彩蝶飞舞的蝴蝶谷中，竖起耳朵闭上双眼，就是捕捉不到那样的旋律。

但是感受不到，并不表示不存在，甚至我可能深深地受影响而不自觉。我承认自己不是天生对声音极为灵敏的人，比如某些地震达人，总是比气象局更早掌握到来自地心的讯息。但是我懂得解读一些微弱的心声，这算不算是具备了聆听的天分呢？

不论如何，在这样的幽径中，我知道声音不只是一种物理上的波动，而是一连串的密码。

我联络上许久没有见面的如雯。余如雯是我大学同学，两个学新闻的人，后来一位成为专业的瑜伽老师，另一位成为自然教育工作者，在某一方面来说，我们都是对生命敏感又有热诚的人。

野地录音的声音疗愈

“脉轮”（chakras），是我特地来拜访如雯的原因，我知道她在台中开了一门脉轮舞蹈课，有着众多的学生粉丝。来之前，我先去聆听了一场关于“音乐治疗”的演讲，我发现音乐治疗（curing）跟声音疗愈（healing）有着不同的概念。音乐治疗比较着重个案的分析观察，配合传统的心理学来进行病症的改善与处理。而声音疗愈比较属于能量疗法，一些较灵性的直觉或是古老的脉轮系统与理论，也被视为疗愈的工具。而所谓的疗愈，并非单纯的“药到病除”，而是让人产生更正面更健康的思想与信念。

其实，从野地录音的经验中，我经常感受到被深深的疗愈。记得几年前，我非常喜欢去阳明山的梦幻湖畔录音，教育电台七星山发射站就在旁边，因为制作“自然笔记”的节目，我经常借住在那里。可以在湖畔从清晨录到深夜，细细品味其中声景的变化，那些夜间的虫鸣蛙叫，还有树林传来的领角鸮都让我心驰神往，甚至清晨的蝉声环绕、缤纷鸟语……对我来说都是最动人的飨宴，我可以不吃不喝在野地聆听这样的“寂静”好几个小时，那样的满足一般人恐怕很难体会。每回全神投入的结果是，身体非常疲惫酸痛，脾胃饥饿虚脱，但是满心喜悦，觉得人生丰足美好。

根据我的观察，很多人来到梦幻湖畔，就是拍拍照留影，但是也看过很多人会来此进行一些特定“法事”。大自然对人的疗愈是多方面的，有人通过“视觉”，有人是能感应到这里的“磁场”、“灵性”，而我则是通过“声音”。但是到底“声音”怎样疗愈了我？有没有机会让这样的力量也能疗愈其他的人？所以当我在太平山上推动“寂静山径”计划时，罗东林管处的林澔真处长要我思考如何把自然声景跟森林疗愈的主题结合起来时，也正好开启我一个非常有趣的研究方向。

身体能量与自然元素的对话

如雯开车带我到自然科学博物馆附近的大草原上，昔日的青春已经离我们远去，过去两人很少讨论到自然的领域，如今各自经历了不同的人生风霜，却能深度理解彼此的感受。如雯说，脉轮是一种意识能量体，它虽有特定的位置，却没有特定的器官。通常在带脉轮舞蹈时，她会把一些自然元素的概念放进来，比如最底层的海底轮，位于脊椎的底端，主要代表元素是“土”，是安全感的来源。接下来在肚脐与生殖器之间的是生殖轮，主要元素“水”，象征创造力。再上来是脐轮，元素是“火”，反应内在的平衡感。然后心轮是“风”，代表着爱与同情。喉轮的元素是“空”，或称“以太”（aether），主要是实践梦想，活出生命意义……关于“以太”一词，我第一次遇上是在史蒂芬·霍金（Stephen Hawking）的著作《果壳里的宇宙》中读到，原来这个元素的出处由来已久，十九世纪末的科学家想象我们的空间充满着一种称作“以太”的物质，作为传送光的介质，这个说法曾被抛弃，但是如今也有人正热烈讨论，宇宙中的暗能、暗物质是否就是所谓的“以太”。无论如何，所谓的“空”，就是那些人类还摸不着头绪，却深

深影响我们的重要元素。🎧[20]

大自然中的五大元素（土、水、火、风、空）是比较低层次的脉轮使用，而到了眉心轮与顶轮，则是超越物质世界，是一种更高元素，代表更深度的开悟。

根据中国最古老的物理学——“五行”学说，宇宙万物生灭、阴阳变化，皆受五行运作所控制。这五行包括了“木、火、土、金、水”。五行相生相克，从古至今，养生调息都得依其定律，似乎跟脉轮的说法颇为相似。

按照脉轮的理论，人类在发展过程中，每个脉轮都有各自的功课要修炼，然后把自己从一些负面情绪中慢慢释放出来。比如海底轮主宰的是安全感，因此一些贪婪、欲望、愤怒、竞争都在满足这样的安全感。所以在脉轮舞蹈中，会通过比较沉稳的节奏让肢体感受到那根植大地的力量。后来我在乔纳森·戈德曼的书上读到，这个脉轮可以通过发 Uh（类似注音符号的ㄜ）这种 256 赫兹的声音进行调整，而且每一个脉轮都有其音频，就像收音机要接收外来的讯号，得先调到特定的频道位置，一旦对上后才有下文。

成为更敏锐的声音捕手

其实在野地录音时，除了依赖录音机麦克风之外，我自己也是一个接收器。而且当我听得越多，那样的反应越强烈，可能是因为我可以听到那些差异，这部分与我大脑中的数据库有关，就像是昆虫学家或动物学家眼中的田野，就是比一般人来得更细致丰富。

不过撇开认知的层面，要让每一个人都能跟这样的声音接轨，就像收音机的好坏，得取决你是否有好的天线。而脉轮舞蹈就在帮助人开放自己，成为更敏锐的声音捕手。

如雯脱下鞋子，在偌大的草地上跨足稳立，她用手机逐条播放一些所谓的脉轮音乐，并配合肢体来进行身体与心灵语言的引导。我看得新奇有趣，也跟着模仿比画，当如雯在描述每个脉轮的特质时，我脑中突然灵光乍现，我想要把我在野地的录音，当做开启这些脉轮的“音乐”——那些在桧木树洞中的宁静声场，或是大地上的鸣虫蜩唱，不正是来自“土”的唤醒吗？那段来自多望溪，或是在见晴步道所录下的涓涓溪流声，无论是活泼或是柔美，正好可以成为打开生殖轮的创作音乐。还有，那段我在台湾地区“国家”山毛榉步道的棱线收到的风声，是否能成为触动心轮的自由元素？

过去，我像是一只穿梭在声音世界的花蜂，耳中饱啜了音律的奇幻滋味，摆荡着恣意的舞步。如今我得像是一位巫师，在浓雾笼罩的沃野，编织着森林的秘语，让音符羽翼能煽动起心灵的火苗，消融那些困住情绪的框架，解放灵魂的淤藏怨怼，打开欢愉的频道……到底我该怎么做？在声音疗愈的圣殿中，我需要“祭司”，传诵美与爱的祭司。

倾听山林交付的功课

我的盼望很快有了答案，一如之前所有的应许。几个星期后，我遇见了阳明山公园的解说员萧淑碧，很多年前我曾经参加淑碧举办的活动，那次她邀请了美国自然教育家约瑟夫·康奈尔（Joseph Cornell）来

1 | 2

3

1 时空凝结的水柱，有着“寂静”的气韵。

2 如雯示范脉轮舞蹈。

3 闭上眼睛，让我们一同感受“寂静”的疗愈力量。

台湾地区带领环境教师研习，我在课程中学习静坐冥想。康奈尔深信：“要深入观察与体会自然，必须时时保持心湖的清澈、平静如镜。”

淑碧多年来在环境教育的努力上，始终关注“寂静”的主题，在我心中，她是一位天生的疗愈师，跟她说话总是如沐春风，明亮喜悦。

淑碧说，“宁静才能致远”，寂静是智慧的核心。我想起戈登·汉普顿在他的《一平方英寸的寂静》这本书写道：“寂静滋养我们的本质，让我们明白自己是谁。我们的心灵变得更乐于接纳事物，耳朵变得更敏锐，我们更善于聆听大自然的声音，也更容易倾听彼此的心声。”我知道，要唤醒这样的能力，必须先去感受自然中的寂静。

我决定带如雯跟淑碧上太平山，因为她们是最懂得这样寂静力量的人。为了让这样的疗愈工作坊有更多后续的推动力，我联络了罗东自然教育中心，希望他们能派项目教师参与，也约了环境信息中心电子报的主编嘉纹同行，因为她是一路陪伴我走这趟寂静之旅的小天使。同时也邀请纬创基金会的淑真一起上山，期待能获得企业的认同与支持。当然，还有我的固定班底，罗东林管处的巡山员赖伯书。

2014 年 12 月 18 日，“自然声景疗愈工作坊”的探勘之旅第一次成行。我万万没想到，迎接我们的是如此充满疗愈力量的森林。一路上所有的植物枝条都凝结着雾凇奇观，美丽得让我屏息。而翠峰湖畔，此刻已经成为有如圣诞卡片上的银色大地。所有的一切如梦似幻，人间仙境就在我眼前，我站在环山步道上，一股温热，倾泻在眼眶中的流波。

“土、水、火、风、空”这些自然的元素，正以奇妙的方式对我召唤，那是来自寂静的力量。我想起过去这几个月来，在湖畔来来去去，总是带着不同的人现身，就在这样的舞台上，一次又一次地描绘我心中的梦想，而此刻的我，虽没有足够的智慧预见未来，但是每次来到这里，似乎都在经历某种神秘的仪式，并认真倾听山林交给我的功课。

我期待能汇集更大的能量，把这样的寂静保护下来，让这样的感动，这样的聆听能够持续下去。正如如雯跟我说的，原来在森林中聆听声景，就是要“找回爱的能量”，原来这就是“疗愈”的一切。

伍·寂静山径

『蜕变』声起

有没有一种可能，我可以组织一群人，提出更多的倡议，让生活在这片土地上的人，能从声音的角度来关心环境，改变我们自己，并且构筑一套新的思维与哲学？

在人声鼎沸的小公园中，孩子们怯生生地上台了。里长用麦克风跟大家介绍，这是小区自己组成的读经班，连续练习了多年，今天这群孩子要来跟大家朗诵古诗。

“人闲桂花落，夜静春山空，月出惊山鸟，时鸣春涧中。”

这原本是一首有如天籁般，书写关于“寂静”的超凡作品，没想到我得在这样的状态下与它相遇，老实说，我真的觉得又窘又反讽。

公园里的闹剧

小朋友天真稚气的童音，从树荫下断断续续传进我耳朵，我大概是现场除了他们的父母之外，唯一认真倾听的过客，如果不在这样的场合中献声，这般意境原是美的，可惜现场所有的人都忙着大排长龙，或等着领取饮料点心，或玩敲打地鼠与弹钢珠的电动游戏机，那些声响似乎热切地想要填补所有的空隙……这座公园平常非常清幽美丽，绿树成林，鸟叫蝉鸣不绝。但是每到端午与中秋的前夕，它原本的优雅气质就被迫沦丧到谷底。

工作人员纷纷赶来握手致意，助理们背着大包小包忙着发传单。就在小朋友表演快结束之前，后面居然扬起了电子合成音效，配合着激昂的旋律，一名女人冲上台拿起麦克风喊着：“小朋友念得好不好？来，让我们以热烈掌声鼓励一下……”台下没人领会，因为手上塞满广告纸、气球跟香肠，实在力不从心。接下来，轮到工作人员“杂耍”的时间，他们飙歌呐喊，似乎正在进行某种着魔的仪式，可怜的老百姓得奉上自己的听力，当做这场闹剧的祭品。更悲惨的是，我们还要把自己锻炼成“无感”，才能让自己在这样的折磨中继续存活下来。

“真是够了……”我听见自己的抗议。我追问自己：“难道没有其他的选择？”我想起那句禅语：“是故内外一缘起，依悦如意寂静处。”寂静具有很高的哲学意涵，感官中的听觉也比视觉更为抽象，或许身为一位经常在山林中行走的人，我可以通过自己的修炼，“安住在自身的清净中”，但是这绝对不会是我撰写此书的目的。我相信生命因挫折而成长，世界也可以由噪音的喧嚣与困顿中，获得一种新的提升与改造。

各种面向的声音课题

我很清楚，如果要让一切开始改变，必须从声音的教育着手。走过

这么多地方，遇见这么多人，仿佛有股能量在逐渐汇集，走在人潮川流的街头，望着那些来来去去的面容，漠然的表情，我心中隐隐浮现出了一种声音——或许我可以组织一群人，提出更多的倡议，让生活在这片土地上的人，能从声音的角度来关心环境，改变我们自己，并且全盘构筑一套新的思维与哲学。

每次逢年过节，都是制造巨大声响的时候，我们自称是一个喜欢“热闹”的民族，但这些年来我深深感受到那份热闹后面的寂寞，以及无知所带来的伤害，我们需要的是好好地从声音的角度，去认识我们身处的世界，学会多一些聆听，多感受一些关于存在的主题，这是一种从外到内的态度。[21]

长久以来，我们总觉得“眼见为凭”，多数人并不信赖自己的听力，也放弃了自己的主导性。声音是被遗忘的主题，但是又有太多方向值得关注。从环境角度，我思考的问题是，自然声景对保护自然生态究竟有什么样的好处？如何从声景来理解环境的变迁？从生活艺术角度，我想问的是，如何在我们的生活中保留一片可以修复自己，疗愈心灵的自然声景？我们能不能有一套“倾听自然”的美学态度？从公共卫生角度，我想知道的是，到底我们的身体对自然声景的反应如何？种种问题都有待更多的研究与讨论。

我不知道自己究竟能不能找到答案，但是我知道我最大的能耐就是“坚持”。这么多年来，我拿起麦克风记录这片土地的声音，从来没想过，这条路就这么一直走下去，许多人常常问我，怎么还有这么多题目可做？节目经营了这么久，你不累吗？老实说，我也曾经历过低潮与挫折，尤其身为一位独立制作人，没有固定收入，花了心血的付出，过程总是寂寞又孤独。但是奇妙的是，我的生命经常都会遇上加油站，总会有一个机缘，让我的热忱与使命能持续下去。

邂逅生命的曼陀罗

我还记得，当戈登·汉普顿邀请我把一颗石头寄到美国时，我就知道将会有故事发生，那是一种非常快乐的触动，一种“再对也不过”的感觉，我不知道这种兴奋从何而来，仿佛我很早就明白自己将会经历后来的这一切。

或许正因为自己的天真与傻气，才让人生充满冒险的乐趣，并得到许多意外的收获。

我想起儿时的一段故事，大约是在小学三年级的时候，因为住在台北的边缘，住家附近都是稻田，小孩子都喜欢在巷弄间玩球，但是球一旦飞过界，落入到田中，往往就再也拿不回来，因为守着这片田的农夫非常凶，小朋友都很怕他。农夫为了保护农作物，发出他的禁令：“球入田中，概不退还。”很快地，所有小朋友的球都被没收了，也包括我家的。有一天哥哥跟朋友在楼梯间抱怨说没球可玩，我不知道哪里来的勇气，居然趁所有人不注意的时候，跑去田中找农夫理论，当时他正在田里插秧，我在他背后用闽南语说：“我家的球被你拿走了。”农夫回头看了我一眼，不吭声地站起来，我跟着他的屁股走，沿途他还捡到一颗棒球，对我说：“拿去！”我傻乎乎地接下这颗泥巴球，继续跟着他回家，才发现农夫自己也有孩子，他们都好奇地看着我。

因为天生的傻气与天真，我似乎多了一些敢于冒险的“勇气”。

接着，我来到三合院后面的屋檐下，发现了一整排球，大大小小，各种尺寸颜色都有，我很快就找到自己家的球，还顺便拿了邻居家哥哥的球，然后拔腿跑回家。我忘了自己到底有没有跟农夫道谢，或是农夫的反应是什么。但是我很清楚记得，自己把球送到哥哥跟他同伴的手中时，他们脸上惊讶的表情。

这种充满傻劲的“勇气”，在现实的教育体制下，其实也没什么太大发挥的空间，我没有成为“拒绝联考的小子”，只是跟着社会价值沉浮。从小我们都被训练成“别管这么多，只要好好念书”，因此我们的孩子被迫晚熟——我们压抑了内心的声音，也阻断自我的追求。所以要等到非常多年之后，当自己容许去倾听那个微弱又真实的旋律时，才能跟天赋相遇，让本来的自己苏醒。

我的勇气让我成为自己，让我勇于去面对未知。但是所有的考验并不会停止，这其中的繁复与缤纷，一如我躲在森林深处所邂逅的片段，那样神秘的世界，就像是带我悟到生命的曼陀罗（Mandala），所有的冲突与和谐，所有考验与期待，所有的混沌与清晰，一切智慧在缘分中等待撷取，我静静领会，并迎接着那首暂时名为“蜕变”的曲子。

伍·寂静山径

寂静的共鸣

奇妙的是，被我找来的，都是一群不爱热闹，但是为着某种牵引而来的人，我也不禁揣想，或许你会因为这段章节而被吸引，因为寂静而产生共鸣……

我冲进好不容易招来的出租车，把那阵忽然飙起的狂风骤雨阻挡在外，眼镜起了雾，我抹下水滴，看到眼前的小屏幕上正在播一则广告，上面写着：“世界越快，心则慢。”好一句充满禅意的台词，我倒吸一口气，原来这样的慢，在当前的世界速度下，需要刻意去经营。是的，也唯有“心慢”，才能“听见”。

心慢则静，若无经历人间世态喧闹，岂能感知寂静的幽微与深度？但是寂静究竟有多少分量？你以为寂静是空，空则虚。然而寂静也是实，实则定，定则静。我想起以前练太极拳时，学到了“松、柔、圆、正”的四字精神。我逐渐体会到，原来松中带劲，柔可克刚，静能制动，道理全然一致。当外在世界变动越快，人越需要寻求内在宁静。

Soundscape Association of Taiwan
台湾聲景協會

寂静萌生的戏剧化力量

我的心并不平静，唯有寄情山水与文学艺术，才能让我“放松”，甚至产生热情。人生带着单纯的热情上路，简单幸福，但是经过十几年后，我发现这股热情在逐渐演化中，它在我历经了一些挫折与困顿的累积后，通过思考整饬与哲学解放，像是昆虫脱壳似地有了结构性的转换。然而这股戏剧化的力量，居然是由寂静出发。

我在脸书上写着：“我不知道人生为什么会到这一步。”后来许多朋友告诉我，刚开始他们看到时都吓了一跳，以为我发生什么意外，于是赶紧看看下文，读到我写着：“我居然要成立一个协会，中国台湾声景协会。”我清楚记得，在写下这句话的同时，我的光标始终在屏幕上闪动着，手指轻悬在键盘上空，很难按下 Enter。那种感觉，就好像有个牧师盯着你看，而你得当众说那句：“我愿意。”老实说，我有点忐忑，有些迟疑。

这到底算是什么样的承诺？自不量力的妄念？天生注定的使命？明知道我是一个做事松散、热爱自由自在的人，如果做不到这件事，何必让自己陷入窘境？

我凭什么相信那颗许愿石就是撑起所有梦想的支点？我以为自己找到一条追寻的道路，但是我怎么知道自己会不会迷路？所有的探问，一如潮浪起落，在退与涨之间，相互拉扯。

如果要清楚给个理由，我的第一个想法是：“德不孤必有邻。”我相信在这条聆听的道路上，必定有许多与我志同道合的伙伴，我们可以相互扶持，相互成就，为更超越自己利益的梦想而齐心努力，这绝对是人生值得努力的目标。

听见并串联所有的声音

身为电台节目主持人，我本身就是接收声音信息的平台。这么多年来，我采访了很多生物声学的学者，非常幸运能聆听到第一手精彩的生命故事，后来因为“寂静山径”的计划，通过澎叶生，我开始欣赏到声音艺术的独特风景，知道中国台湾有一群人也在这个领域中努力耕耘，加上认识了余仁方老师，了解更多关于噪音与听觉保健的内涵，我忽然想到，如果这三方面的专家能够相互认识，分享彼此关注的焦点，一定可以激荡出更多的火花。而能够串连他们的人，则是不属于其中任何领域，却是能听见他们所有声音的我。

另一个理由是，我发现“声景”的概念，完全没被纳入环境教育的范畴。我很期待，中国未来也可以有自己的百大声景。同时，我看着日本、美国、澳洲、英国、加拿大、芬兰……对声景所建构的思考与观点，特别是日本，带给我非常多的启发。让我深深感觉到，通过声景所要展现的，不仅是一种聆听世界的方法，更是参与及改变世界的途径。我很期待通过这个组织，可以把这趟旅行中我所认识的戈登·汉普顿、帕文教授、大庭博士、乌越教授等这些学者，都结合成伙伴，让这趟旅程，做更大范畴的延伸。

刚开始，光是“soundscape”的中文翻译也琢磨了许久，有人用“声境”、“音景”，但是考虑到另一个名词——“地景”（landscape），我们决定定名为“声景”，也就是“声音的风景”。当初，我跟余老师谈到我想成立协会的想法，他大力支持，而且传给我一份组织章程草案，给我很大的鼓舞。我把其中的“宗旨”做了一些调整，在撰写那些条例式的文字时，我居然有一种“起草案、写宣言”的壮烈情怀，仿佛志士在宣布自己起义的理由，就在余老师跟昆虫学家杨正泽老师的协助下，六大“成立宗旨”洋洋洒洒为这个组织开了场：

一、保护自然声景，以生物声学及相关研究，推动“生物多样性”保护。

二、推动当地声景，建构艺术与文化保存的教育内涵。

三、通过声场与环境的学术研究，促进民众的听觉保健与权利。

四、推动录音技术交流，强化“声景保存”做法与应用方式。

五、建构声音的价值与观点，促进多元欣赏与尊重精神，以提升国民聆听文化素养。

六、参与环境公共政策的制定，推动以声学为基础的理念，并达成环境保护之目标。

当然，这只是草案，任何组织一开始都很有理想性，能不能贯彻执行，全凭造化。但愿这份初衷，一如我们对婴孩的期待，不要因为未来成长的起伏而被遗忘，我希望它能日趋茁壮，开花结果。

因为声景教育的牵引……

接下来的问题是，我得找到三十位发起人，除了要亲自签名，他们必须横跨全台湾省七个县市以上，这个组织才有资格申请为地区性的社团。我心中初步拟定了一些人选，我把数据寄给他们，其中有些学者又非常热心地帮我把许多相关学者拉进来。这些人当中，有些原本就是我的受访者，也有初步的信任基础，还有一些则是通过这个机会才结识的，就在我找他们签名的同时，我们有了更多机会交流，了解彼此，享受各自的乐色。

很幸运的是，发起人共横跨了十一个县市，足以越过地区性社团的门槛。说起这群发起人的来路，可是各有机缘。有一次澎叶生传了一段声音给我听，他说这是他在台大教的一位学生的作品—关于坪林茶乡的“声景”。他觉得这孩子很有想法，也非常优秀，很值得推荐给我认识。

我仔细聆听，在其中听到了当地环境人文（街景、制茶）与自然（蓝鹊、溪流）的声响，还有茶叶冲泡舒展的声音。作者黄润琳，是从广西来的学生，现在就读于台大城乡研究所——专门研究环境空间与社会变迁的学术摇篮，他居然要用这样的声景将与当地的“蓝鹊茶”做结合，这点让我非常好奇。

我邀请润琳来“自然笔记”分享这段故事。润琳年纪很轻，但是思路非常清晰，有一种沉稳的气质。他说“蓝鹊茶”是一种“社会企业”的形态，最早是台大城乡所的学长开始投入，以他们所受的专业训练，结合当地关怀，来协助坪林茶农营销包装自己的产品，在兼顾生计、生产与生态的理念中，让茶农能在这片土地上，好好生活下去。问题是，如何从“声景”的切入点来服务这样的理想呢？

润琳说，他希望自己的声景作品能让更多的人听见，一方面是有宣传效益，同时也能在茶艺馆中播放，提升商品的质感。同时他主动去拜访了师大民族音乐所的音乐家蔡佳芬老师，希望未来有更多音乐人能进入坪林，创作出更多当地的音乐，协助建构乡村的风貌。我也特别询问了蔡佳芬老师，这些当地自然歌手的旋律（虫鸣鸟叫），可不可能成为我们台湾地区民族音乐的内涵？蔡老师说，台湾地区音乐教育中很少给学生这样的引导与内涵，主要还是着重技巧的训练。虽然目前没有这样的作品，但是未来不是没有可能，她也愿意尝试朝此方向努力。🎧[22]

不知道未来台湾地区的海浪声、鸟鸣蛙叫，能不能也登上我们的中国台湾“国家音乐厅”或演奏厅？从小到大，我们没有所谓的“声音”教育，我们没有观点，也没有想象。就连音乐教育，在目前高中阶段也以考试为主，孩子可能写得出一些音乐家名字，但是对音乐的感受性，或是如何在真实声景中去寻找旋律，恐怕不易获得启发。

我很期待未来的声景教育也可以跟学校的音乐教育结合，成为不一样的文化与艺术的创意养分，尤其是这些动物都是当地歌手，它们的旋律早在这片土地上流传千古，甚至影响到当地少数民族，我们要有足够的能力来解读它们，并转换成我们内在的音乐。同时也通过“声景”的保护，表达我们对土地的关怀与敬意。

我邀请润琳与蔡老师一起加入中国台湾声景协会，以他们的专业，来创造更多的可能。目前，这个组织还在筹备中，奇妙的是，被我找来的，都是一群不爱热闹，但是为着某种牵引而来的人，我也不禁揣想，或许你也会因为这段章节而被吸引，犹如我读到戈登的书一样，因为寂静而产生共鸣，后来居然合奏出一首奏鸣曲。

当然，这还只是前奏，想知道寂静究竟有多少分量，你得跟我一起继续听下去。

伍·寂静山径

无量之网

一个通过声音来关心土地与环境的组织即将诞生，就在我回溯记录这样的过程时，我越来越明白，我正在走的道路绝非形单影只，而是通过一种无形的网络，成为众人共修的旅程。

等了两个多月，我终于收到有关部门的来函，上面写着：“申请筹组中国台湾声景协会案，同意办理，并请于六个月内筹组成立。”这段文字对我来说，真是又惊又喜，同时我不断听见自己内在发出一种微弱又恐慌的声音：要玩得这么大吗？

无论如何，头已经洗了一半，怎么样都得让它走下去。我去找了老朋友陈瑞宾，十多年前，我记得有一次瑞宾来找我，当时他还在台湾地区“中研院”当研究助理，学动物的他正在构思人生的梦想，他花了很多时间跟我解释什么是“国民信托”，还有环境信息的重要，没想到后来他真的筹组了一个在台湾地区环境界具有举足轻重地位的组织：环境信息协会。我想知道，当年那位滔滔论述的梦想青年，到底这一路上是怎么走过来的？

为了要让我了解其中的心路历程，瑞宾站在一大片白板前，花了三个小时，在我面前左画一个图，右画一个表，各种蓝色线条在眼前绕来绕去，我终于获得了一个结论：不论你有多么远大的理想，做事情最重要的是“筹钱筹人”，当然，这也是让人最抓狂的事。我只记得走出“环资”后，茫然的我突然感觉肚子空虚，有一种强烈的虚脱感。

构筑一个改变世界的舞台

我要怎么去张罗这一切？我想到自己从小到大过关斩将，最大的挑战也不过考考试赶赶稿子，或是每天替家人准备晚餐，拉扯孩子长大这档事。不过，养孩子可不轻松，麻烦事一堆，算起来我不是完全没经验，顶多当做再养一个“小孩”吧，我安慰自己。

起伏的情绪仍在持续，几天后我居然想通了。我相信，当你的念头是正向且利他，将会有许多天使来帮助你，与其担心未来，还不如相信这一切早都已经安排好了，我愿意接受命运的造化与带领。

没想到，隔了两个礼拜后，奇妙的事情发生了，我的“自然笔记”居然又再度获得广播金钟奖的“最佳教育文化节目奖”，虽然这是我的第五座金钟奖，但是先前多年入围总是陪榜，因此并没有怀抱太大的希望。这次获奖，似乎冥冥中有一种鼓舞，尤其重要的是，我可以获得第一桶金，这十万元的奖金，应该可以让我白手起“家”。

我开始张罗第一次筹备会议，并在给发起人的一封信中写着：

“一个通过声音来关心土地与环境的组织即将诞生，梦想的起点，就在十一月十二日。钦慧是一个很感性的人（请诸位理性科学家们包涵，这与生俱来的传教命格），相信你们或多或少都已经‘熟识’我了，但是我真心感谢，在生命的某个阶段我认识了你们，曾经与你们共事，或聆听你们的话语、演讲、读你们的书……实情是，这一切动力其实是你们给我的，你们启发了我，感动了我，而我能做的事，就是把这样的力量变得更大更具体，也很感谢你们愿意把手伸出来，愿意和不同领域的专家一起携手，去构筑一个可以改变世界的舞台。是的，我深信声音是一种唤醒，也是改变的开始。🎧[23]

声景，在中国台湾仍然是一个，陌生的名词，或是展现艺术家前卫思潮的媒介，但是我却看到了它对整体生态与人类生存环境的重要意义与影响。各位都是声景专家，相信都已经有各自努力的使命。未来成立台湾地区声景协会，不仅是希望借重彼此的专业，更希望能成为彼此的靠山与肩膀。当然，钦慧对声景也有很多梦想，为此，我也需要你的力挺。”

声音被散播出去后，在发起人当中，鲸豚专家周莲香老师主动表示愿意帮我安排开会地点，让我感动万分。于是，我们最初的“起义”据点就在台大生命科学院的 842 教室。

为了让第一次聚会有更多象征意义，我决定送给每一位发起人一张我亲自制作的 CD 作品——“寂静山径”。里面是一首十分钟的曲子，完全是我在太平山上的录音声景，没有音乐与旁白，只纯粹用声音说故事：从太平山午后的一场雷雨揭开序曲，隆隆声响后逐渐转为蛙鸣鸟叫，然后进入到夜间湖畔的鸣虫清唱，猫头鹰对歌、步道上的山羌野性呐喊，气氛神秘鬼魅，却充满了野性的魅力，接着来到第二天的森林组曲，包括了啁啾鸟鸣、猕猴争吵、还有潺潺流水。我在CD上写着："寂静是一种唤醒，寂静也是一种邀请。"这段文字是一种宣示，同时也是成立这个协会背后的动力来源，我忽然明白了一件事，原来成立协会，也可以是某种形式上的"集体创作"。虽然在这段过程中有我的意志投入，随着后势的演变，更多人的加入，终究它有属于自己的原创性，以及灵魂。

1 | 2

1 我和尤俊明老师正在讨论协会 logo 的设计。

2 一座“金钟”，不仅是受到鼓励，也为梦想带来实质的帮助。

是中国台湾岛，也是闭目聆听的耳

我的脑海中开始构思这个协会的logo，我希望用毛笔字来表达一种声音的律动讯息，但是谁能帮我完成这样的理念？就在寻寻觅觅间，有一天大爱电视台的制作人王理打电话给我，我知道她人面很广，就向她求援。王理不假思索立刻回答："我知道有一个人很适合。"仿佛早有一个准备好的人选，就等着我的敲门砖。因为这道关联，让我找到了尤俊明老师。

我们很快就见到了面，几句谈话，我就知道我跟尤老师的频率是相通的。台湾地区书法家很多，但是很多本地的非政府组织（NGO）都是请尤老师题字，除了因为尤老师长期关注农业与各种环境运动外，最重要的是他的字，带着一种敬重土地的虔诚力量。

尤老师听到我的声景理念之后，回家沉潜构思了两天，我们再度见面时，他居然交给我一份跨十页的手稿，我相信这对协会来说，是非常值得永久保存的"文献史料"。

尤俊明对声景的说文解字，首先是从甲骨文开始，他说"声、圣、听三字出于同源，都有耳字。中国台湾岛形一如一只耳朵，可以听见千古不灭的神圣声音。"以此设想的图像，是把中国台湾岛屿跟古字结合，极具趣味与巧思。接着，他又把台湾岛形演化成一只鱼形，他说："鲲岛，意旨台湾，是鱼龙所化，鱼跃龙门而升其声。"借着这般想象，他又画出二十几种不同的变形，各自成调。

logo的图案在纸上演绎遍彻，从形到声，每一种设计理念，都像是

一套组曲，让我听见其中的繁复，赞叹其中的万象。几翻轮转，中国台湾又幻化成一片沾着露水的叶子，正如尤俊明所言："永远愿意承托大自然的变化之声。"

行卷到后面两页，似乎开始由繁化简，原本风起云涌的气势，在这里逐渐舒缓下来。那些声音意象，开始化约成一阵风似的线条，一笔刮在岛屿的耳际，太平洋上看似鲸豚的两撇身影，整体看来又像是闭目聆听的模样。尤老师怕我不明白，在旁边细腻写下："闭目静心方听得见台湾岛的风云，变幻之声或岛屿自我转化的心声。岛在跟旁亦象征着耳朵的化身。"

这番对声景的想象与解读，让人叹为观止。各种声息在眼与大脑间徘徊，一时间我也不知何者最适合为协会代言，我问尤俊明哪一个才是他的最爱，他笑指最后的图像。我思忖半晌，也微笑相应："那就选它吧。"

古老的声音陆块，四方的回响

尤俊明认为，文气若通，则会自有理路，颇有一种"天启"之明的定见。我真期待自己也能像他那样如此笃定，如此气定神闲。

但是，我不得不承认，我很难平心静气去聆听所有的一切。当这么多声音相互共振，彼此共鸣，峰峰相连总会曲折不平，只是在此刻，我像所有的探险家一样，在古老的声音陆块上，被一种新奇的触动深深吸引。

一切的发展，更验证了自己的理念，原来我在过往的一切相遇，如果时间够久，方向够对，你会发现，这群人居然都是我要一起共同完成一些事情的伙伴。一切的缘分，绝非偶然。

我想起那本《无量之网》(*Divine Matrix*)，作者格雷格·布雷登(Gregg Braden)为了找到生命的答案，遍访高山村落、偏远僧院、古老神庙，想要揭露永恒的秘密。他在书中写到，人类会因联结一切万物能量场而结合在一起，若要在生活中释放出“无量之网”的力量，首先必须了解其运作方式，并使用它所认得的语言，也就是爱、恨、恐惧和原谅等情感力量。换言之，你的意念有多广，世界就有多大。

我想到好友萧淑碧跟我说过一句话：“主其事的人心要够宽，念要够定。”原来，真正需要抢救寂静的人，就是“我自己”。

我试图安静下来，闭上眼睛深呼吸，然后……专注聆听。

意念如声，都是一种具有穿透力的波动，如此“以声会友”，我居然可以跟全球联网。所有的讯息接踵而至，我仿佛置身在山谷深境，聆听着四面传来的回响。

过去让我着迷的生物声学领域，近来也因为受到声景概念的影响，发展出所谓的生态声学(Ecoacoustics)。这门新学问的建构，跟科技的发展有关，一方面是录音器材的推陈出新，一方面是面对全球大数据(Big Data)时代的来临，这群研究声学的科学家发现，整合更多声音数据库，将提供生态保护研究上更真实完整的信息，而这门学问的蓬勃演进，居然跟我成立协会的时间叠合。

就在圣诞节的前夕，我收到意大利帕文教授的来信，他跟我分享一个刚成立的生态声学国际学会（Internaional Society of Ecoacoustics），点进去一看都是一些欧美重要学者。帕文教授说他的声景研究领域已从水下转向陆地，主要是因为水下声景的研究与调查所需经费实在非常庞大，另一方面是他非常享受在野地录音，他寄来几张照片，我一看，帕文教授使用的设备，不就是 SM2+ 野地自动录音机吗？

真巧，就在十一月份，林业试验所的特聘研究员王豫煌博士举办了一场称作“声景生态学”（Soundscape Ecology）的工作坊，邀请我去南投的莲华池分所跟一群来台湾地区学习如何在野地进行声景录音的东南亚学者，分享我们在台湾地区成立声景协会的经过。

我头一次用英文，对着一群菲律宾、泰国、马来西亚、越南、中国台湾的声景生态学家，宣扬了我的理念。同时，我也借此机会学习如何使用 SM2+，这是一种可以在野外连续放上好几个月的自动录音机，研究人员只需要按时去汰换电池，里面的 CF 卡，可以在计算机上先设定好，比如一个小时录五分钟，接着就可以搜集到你要的声音档案，然后再配合一些自动辨识的软件，就能获得更完整全面的声景生态信息。

很快这样的声音传到日本。几乎在同时，我收到日本大庭照代博士的来信，她开心地提到在国立科学博物馆细矢刚博士传来的资料中，看到中国台湾的“声景生态学”工作坊有我的名字，非常惊喜。原来当初豫煌要学习声景生态监测的相关做法，曾经跟日本互动密切，但是不知道这背后还有更大的网络。大庭博士说，她最开心的就是看到我开始组

1
—
2

1 学者正把 SM2+ 录音机绑在树干上。

2 这种自动录音机的电池每次可以撑一个月。

织中国台湾声景协会，当然她知道我深受日本之旅的启发，于是立刻通知日本声景协会这个重要讯息，就在这么理所当然的情况下，把我们全都串在一起了。

一颗石头的革命

我得承认，这样的过程快得让我惊讶，因为所有的计划并非按部就班，而是一连串的“发生”。经历了两次筹备会议，我在网络上招募会员，并提出真诚的邀请：“很多人问我，什么是‘声景’（soundscape），为什么你要找一堆人，弄出一个协会来关注声景？简单说，我们这群人所要努力的，就是希望通过声音来改变世界。这么多年来，我由一位单纯只是喜欢听鸟叫声的录音师，投身在用声音来参与环境教育的推动过程中，无形中，我成了众多声音的汇集者。我发现我们的教育、环境政策、居住设计，完全忽略了声音的层面，我们习惯用视觉来理解我们的世界，却不知在声音的世界中，很多美丽与遗憾被全然忽略与遗忘，我们深深受到声音的影响，却浑然不觉。于是我试图把这群研究生物声学、人类噪音的科学家，与一群非常懂得聆听的声音艺术家结合在一起，我们要一起来推动许多重要的理念。这是一个倡议的组织，也是一个梦想的团队。如果您对此有兴趣、有热诚，有使命，欢迎加入我们的行列。”

或许，日本自然农法大师福冈正信可以“一根稻草的革命”来作为人类追求幸福与希望的起点；那么，我是否也可以“一颗石头的革命”来实践对人生价值的追求，启发更多的人，愿意打开自己的耳朵、自己的心灵，去跟美好的声音相遇，并用声音来关心大地生灵？就在我回溯记录这样的过程时，我越来越明白，原来我正在走的这条道路，绝非形单影只，而是通过一种无形的网络，成为众人共修的旅程。

结语

重回十八岁的湖畔

我看着照片中的自己，一头有如野地荒原中的杂草。那是高考刚完，要求妈妈带我去美容院，把原本的学生头烫卷了，还刻意剪了刘海的模样，这是我面对长期压抑下的唯一反抗，但是那头毛发一向别扭，更禁不起连日爬山的摧残……那一高一低卷起的裤管，正散着全身蒸腾的热气，配着橘色登山包、黄色尼龙帽子，我全身狼狈却一脸傻笑地站在翠峰湖畔。那年，我十八岁。

我才刚走过一段青涩困顿的岁月，却踏上了这趟高山纵走的旅程。一如早期探险家的行径，翻山越岭而来，就是为了这场相遇。那灵气缥缈的湖水，完全润泽了我枯涸的灵魂。当时的我，并不知道这里桧木的精彩，也尚未领略宽尾凤蝶的魅力，但是我清楚记得当时心中的虔诚与感动。

或许每位自然的修行者，都会遇到一个属于自己的教堂，在那里获得启发、感召、灵动、沉淀，进而被改变，一如梭罗的瓦尔登湖。

几年前，因为要执行林务部门的项目，我来到翠峰湖畔录音。后来又受到戈登·汉普顿的影响，重回这里寻找寂静。一切的机缘，一切的牵连，就这样周而复始地来到湖畔……在雾起雾散之间细细聆听，那所有走过的欢愉与静谧。

我希望有一天，翠峰湖的环湖步道能成为中国台湾第一个“寂静山径”，来到这里的游客都能尽量降低自己的音量，把“聆听”当做走访这条步道应该具备的修为。而附近所有人为的噪音都应该被监控与管理，管理单位可以采取柔性的方式，教育游客尊重这里的自然声景，学习安安静静去欣赏这些自然音律，懂得安静，才能感受更多的细致，也才能更贴近自己。

至于步道中的奥陶纪苔原，我希望能成为中国台湾版的“一平方英寸的寂静”，跟美国霍河雨林的“一平方英寸的寂静”结盟成姐妹地。来到这里需要禁语，让这里成为聆听的圣殿，让游客体验什么是“全台湾地区最安静的地方”，并接受这份寂静所带来的疗愈力量。

我不知道自己是不是太过浪漫，但是我对这样的愿景，始终怀抱着信念，而且我感受到，有越来越多的力量汇集而来，正默默在背后成就一切。或许正如孟子所言：“存其心，养其性，所以事天也。”人生必须懂得明心见性，一切尽心，才能善尽天命。而我的傻气天真，似乎是上天赐给我的礼物，由此心念闯荡人生蹊径，总有贵人扶持指点，回眸间，才懂得那曾经发生的一切，蕴藏着多少的祝福与美意，我深深感谢。

记得有一次，大概清晨五点多来到奥陶纪苔原录音，整个森林似乎尚未苏醒，我坐在昏暗的林层底下，就在半睡半醒间，居然是被耳机传来的鸟音唤醒……当然，这不是一个无声的世界，而是一种寂静的状态。或许录音教会我如何等待，也形成某种端详生命的态度。老子说："致虚极，守静笃。万物并作，吾以观复。"道展人生，静是智慧核心，从初始、演绎、成熟到育成，湖畔如我，也历经寒暑。从有到无，从无到有，虚实中，有所承担，有所领悟……无论故事的脚本为何，我愿意用素朴的心走此一回。

生命回归，一切的答案，原来都在寂静中。

博物学文化丛书 | 简介

1.《博物学文化与编史》
刘华杰 著

本书是科学哲学、科学史研究者刘华杰教授的一部讨论博物学文化与博物学编史的文集，分三编收录三十余篇文章，内容包括博物学与生活世界、博物学编史纲领、博物致知、博物顺生、博物画的历史与地位、新博物学等。适合环境伦理学、保护生物学、自然教育、科学史与科学哲学、环境史等领域的学者阅读。

2.《约翰·雷的博物学思想》
熊姣 著

本书采用新的史学视角，从十七世纪英国的社会、政治和思想语境出发，将约翰·雷在植物学、动物学、语言学、分类学、地质学和自然神学等多个看似独立，然而实际关系错综复杂的领域所做的工作统合起来，全面系统地阐释了约翰·雷的博物学思想，及其在同时代人和后世学者中的影响。对于普通读者理解 17 世纪英国科学的全貌和西方博物学的发展，均不无助益。

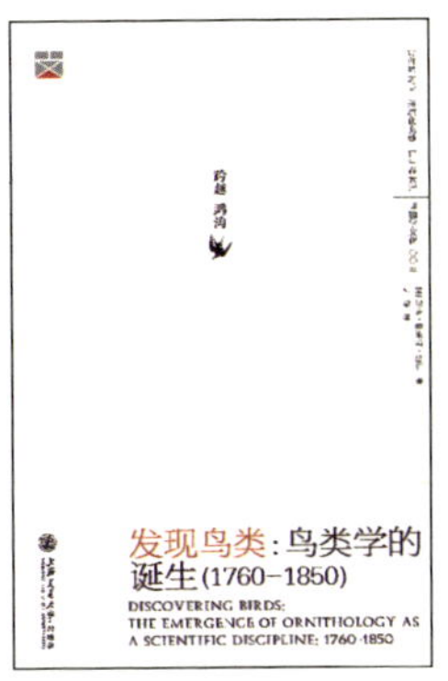

3.《发现鸟类：鸟类学的诞生（1760—1850）》
保罗·劳伦斯·法伯 著　刘星 译

本书是俄勒冈州立大学科学史教授法伯的博物学史经典著作，作者采用了更加新颖而全面的史学研究进路，不仅考察了社会文化因素对鸟类学诞生的影响，还考察了鸟类学理论如分类和命名的发展。本书跨越了科学内史和外史的鸿沟，揭示了许多令人惊叹的历史细节。

4.《纳博科夫的蝴蝶》
库尔特·约翰逊、史蒂夫·科茨 著　丁亮、李颖超、王志良 译

鳞翅目昆虫学是蝴蝶和蛾类研究的科学分支，该领域拥有悠久而辉煌的历史和一系列传奇人物。可是，这一古老领域已经变得非常专门化，只在专家和收藏家组成的充满激情的小圈子里，人们才知道相关学者在做什么、做得怎么样，外界极少了解。《纳博科夫的蝴蝶》为读者展现了著名文学家弗拉基米尔·纳博科夫对鳞翅目昆虫的痴迷，全景回顾了他所做的眼灰蝶分类学研究，并通过大量详实的材料，以生动的笔法讲述了纳博科夫的“双L人生”（分别指文学和鳞翅目昆虫学）。本书也生动再现了当代鳞翅目分类学家的工作方式，为人们深入理解博物学的过去和现在提供了鲜活的资料。

5.《玫瑰之吻：花的博物学》
彼得·伯恩哈特 著　刘华杰 译

《玫瑰之吻》是美国圣路易斯大学生物系教授伯恩哈特撰写的一部关于花的博物学著作。作者生动展示了花在地球上的演化历程，描述了花的结构、多样性和适应性，细致讨论了花与昆虫的互动、花与人类的密切关系。博物爱好者阅读这部融入了专业研究的通俗著作，能更好地欣赏周边的美丽植物，在更大的视野中理解演化的精致与大自然的复杂性。本书英文版出版后受到《纽约时报》《科学》《自然》的好评。

6.《自然神学十二讲》
P.A. 查德伯恩 著　熊姣 译

西方的博物学与自然神学历来有密切的联系。本书由19世纪美国著名教育家、博物学家查德伯恩撰写，其中汇集了他应邀于洛威尔学院发表的系列演讲，也是他在“博物学纵览”主题的研究基础上更深层的思考。查德伯恩从“人的起源和命运”等终极命题入手，将当时有关动物、植物、矿物晶体等自然物的科学理论与事实结合起来，深入浅出地阐述了人类自身及外部世界中形形色色的“适应性特征”。查德伯恩试图以公正的态度去审视人在自然界中的位置以及人类与外界的关系，并对包括人类在内一切生物体的存在，作出不同于当时盛行的“发育论”阐述的另一种解释。本书有助于读者了解19世纪下半叶西方科学各分支学科的发展和当时博物学的特点，书中对人类情感与道德本质的探讨在当今语境下仍然值得一读。